Briefe & E-Mails schreiben und gestalten nach DIN

www.humboldt.de

Briefe & E-Mails schreiben und gestalten nach DIN

Von Eike Hovermann

Verlegt bei Humboldt

humb●ldt

Der RatgeberVerlag

Humboldt-Paperback ht 4067

Der Autor:
Eike Hovermann ist Geschäftsführer der „Akademie für Sekretariat und Büromanagement",
Trainer und Dozent in der Erwachsenenbildung und Mitautor zahlreicher Veröffentlichungen
im Bereich der modernen Korrespondenz.

Bisher sind diese Titel bei Humboldt erschienen:

Claudia und Eike Hovermann, Das große Buch der Musterbriefe
Für die erfolgreiche geschäftliche und private Korrespondenz
ISBN 3-89994-904-8

Claudia und Eike Hovermann, 300 Musterbriefe
Für die erfolgreiche geschäftliche und private Korrespondenz
ISBN 3-89994-904-8, CD-ROM für PC

Hinweis für den Leser:
Die Informationen dieses Buches sind von Autor, Verlag und Redaktion nach
bestem Wissen und Gewissen sorgfältig erwogen und geprüft. Dennoch kann eine
Gewähr nicht übernommen werden.

2. überarbeitete Auflage 2007

© 2005 Humboldt Verlags GmbH, Baden-Baden

www.humboldt.de

Umschlagfoto und Abbildungen im Innenteil: Eike Hovermann
Satz: MPM Wasserburg
Druck: Artpress Druckerei GmbH, A-6600 Höfen
www.artpress.at
Printed in Austria

ISBN 10: 3-89994-067-9
ISBN 13: 978-3-89994-067-1

Der Sinn der DIN 5008

Bei all den Regeln muss man sich zwangs-
läufig fragen: Macht so eine DIN 5008
überhaupt Sinn?

Es handelt sich bei der DIN um Regeln für
das Schreiben mit dem PC. Ihre Anwen-
dung in der Praxis soll dazu beitragen, dass
die Texteingabe erleichtert und Schreibar-
beit eingespart wird. Die DIN hat außer-
dem den Anspruch, Empfehlungen zu geben, mit denen sich Schriftstücke lesefreundlich, zweckmäßig und übersichtlich gestalten lassen.
Sie regelt Formalien und gibt keine stilistischen Tipps.

Eine DIN 5008 macht dann für Sie Sinn, wenn Sie im Rahmen einer
Corporate Identity einheitliche Regeln aufstellen wollen. Sie könnten
auch unabhängig von der DIN 5008 Regeln erstellen – liefen dann jedoch Gefahr, dass einiges veraltet wirken könnte.

Für den Privatmann und die Privatfrau macht eine DIN nur wenig
Sinn. Angaben wie Uhrzeiten und Daten zu schreiben und wie viele
Zeilenschaltungen einzuhalten sind, sind für den privaten Brief nicht
relevant. Allerdings sind Empfehlungen zur Beschriftung von Adressen auch für den Privatmann relevant, da die korrekte Beschriftung
hilft, dass die Briefe den Empfänger erreichen.

Ist die DIN Gesetz?

Sie werden nicht bestraft, wenn Sie sich nicht an der DIN orientieren.
Es handelt sich lediglich um Empfehlungen. Daran sollten Sie vor allen Dingen dann denken, wenn sich die DIN 5008-Empfehlungen
nicht ohne weiteres auf Ihren Briefbogen übertragen lassen. Dann ist
eigene Kreativität gefragt.

Wer erstellt die DIN?

Die DIN 5008 wurde im Normenausschuss Bürowesen in Berlin, Arbeitsausschuss NBü-1.2 „Regeln für die Textverarbeitung" überarbeitet. Daran haben Mitarbeiter von Verlagen, Lehrer, Sekretärinnen und Vertreter aus der Wirtschaft mitgewirkt.

Beachten Sie

Die Empfehlungen der DIN gehen nicht immer konform mit den Empfehlungen für eine zeitgemäße Korrespondenz. Ich habe dies an den entsprechenden Stellen vermerkt und einen konkreten Vorschlag gemacht, wie Sie dies in einer zeitgemäßen Korrespondenz umsetzen könnten.

Ich hoffe, dass Sie auf alle Fragen rund um die DIN 5008 in diesem Buch eine Antwort finden werden!

Ihr

Eike Hovermann jun.

Die DIN 5008 von A – Z alle Stichwörter auf einen Blick

Abkürzungen

Die DIN 5008 äußert sich nur zur Schreibweise von Abkürzungen. Sie werden in der DIN keine Hinweise dazu finden, ob und wann sie verwendet werden können oder sollten.

Deshalb hier ein paar grundsätzliche Worte zur Verwendung von Abkürzungen:

Mit Abkürzungen mindern Sie die Lesefreundlichkeit von Briefen. Oft leidet sogar die Verständlichkeit, da einige Ihnen geläufige Abkürzungen dem Empfänger Ihres Briefs möglicherweise unbekannt sind. Außerdem wirken Abkürzungen oft unhöflich. Sie signalisieren damit, dass Sie sich für den Empfänger nicht die Zeit nehmen, Wörter auszuschreiben.

Meine Empfehlung:
Verzichten Sie nach Möglichkeit auf Abkürzungen, und verwenden Sie nur solche, die wirklich allgemein verständlich sind.

So werden Abkürzungen DIN-gerecht geschrieben

Abkürzungen, die im vollen Wortlaut gesprochen werden, erhalten einen Punkt, der ohne Leerschritt an das abgekürzte Wort gesetzt wird.

asap.	(as soon as possible – keine empfehlenswerte Abkürzung)
evtl.	(keine empfehlenswerte Abkürzung)
ggf.	(keine empfehlenswerte Abkürzung)
Mio.	
Mrd.	
zzgl.	(keine empfehlenswerte Abkürzung)
zz.	(korrekte Abkürzung für „zurzeit" laut neuer Rechtschreibung – nicht empfehlenswert)

Wenn Sie mehrere Abkürzungen hintereinander verwenden, betrachten Sie jedes abgekürzte Wort als gesonderte Einheit, und setzen Sie zwischen den verschiedenen Wörtern – auch wenn sie abgekürzt sind – Leerschritte.

Beispiele für die richtige Schreibweise von Abkürzungen:

i. A.	im Auftrag
i. V.	in Vollmacht
z. B.	zum Beispiel
o. g. (keine empfehlenswerte Abkürzung)	oben genannt
u. v. m. (keine empfehlenswerte Abkürzung)	und vieles mehr

Ausnahmen

Ausnahmen zu der oben genannten Regel stellen die Abkürzungen „usw." und „usf." dar. Sie werden wie ein Wort behandelt. Also nie ausschreiben!

Es gibt Abkürzungen, die wie selbstständige Wörter behandelt oder buchstäblich gesprochen werden. Sie enthalten weder Punkt noch Komma und werden deshalb ohne Leerschritt geschrieben.

Beispiele:

AG	Aktiengesellschaft
HGB	Handelsgesetzbuch
DIN	Deutsche Industrie-Norm
EG	Europäische Gemeinschaft
OHG	Offene Handelsgesellschaft
Pkw	Personenkraftwagen
KG	Kommanditgesellschaft
USA	United States of America

Beachten Sie:
Es spricht nichts gegen die Verwendung der zuletzt aufgeführten Abkürzungen, die mittlerweile Einzug in den täglichen Sprachgebrauch gehalten haben.

Absätze

Richtig gesetzte Absätze erleichtern dem Leser die Lesbarkeit eines Textes. Sie werden immer durch eine Leerzeile vom vorhergehenden und nachfolgenden Text abgesetzt.
.

So wird ein korrekter Absatz gemacht:

Lorem ipsum dolor sit amet, consectetuer adipiscing elit, sed diam nonummy nibh euismod tincidunt ut laoreet dolore magna veniam, quis nostrud exerci tation Lorem ipsum dolor sit amet, consectetuer adipiscing elit, sed diam nonummy nibh euismod tincidunt Lorem ipsum dolor sit amet, consectetuer adipiscing elit, sed diam nonummy nibh euismod tincidunt.

Lorem ipsum dolor sit amet, consectetuer adipiscing elit, sed diam nonummy nibh euismod tincidunt ut laoreet dolore nibh euismod tincidunt Lorem ipsum dolor sit amet, consectetuer adipiscing elit, sed diam nonummy nibh euismod tincidunt.

Falsch ist deshalb folgendes:

- Nur eine Zeilenschaltung am Ende einer Zeile.
- Einzüge in der ersten Zeile eines Absatzes. Dies ist für den geschäftlichen Schriftverkehr nicht zu empfehlen, sondern eine der Werbung und den Printmedien vorbehaltene Technik.

Beispiel – so nicht:

Lorem ipsum dolor sit amet, consectetuer adipiscing elit, sed diam nonummy nibh euismod tincidunt ut laoreet dolore magna veniam, quis nostrud exerci tation Lorem ipsum dolor sit amet, consectetuer adipiscing elit, sed diam nonummy nibh euismod tincidunt Lorem ipsum dolor sit amet, consectetuer adipiscing elit, sed diam nonummy nibh euismod tincidunt.
Lorem ipsum dolor sit amet, consectetuer adipiscing elit, sed diam nonummy nibh euismod tincidunt ut laoreet dolore nibh euismod tincidunt Lorem ipsum dolor sit amet, consectetuer adipiscing elit, sed diam nonummy nibh euismod tincidunt.

So sollten Absätze nicht gekennzeichnet sein.

Gibt es bei der Länge von Abschnitten etwas zu beachten? Ja: Ihre Abschnitte sollten nicht länger als neun Zeilen sein. Denn längere Passagen lassen den Text unzugänglich, sprich schwer leserlich erscheinen. Der Empfänger wird einen Brief mit sehr langen Absätzen nur ungern lesen. Und das wollen Sie doch mit Sicherheit vermeiden.

Bitte haben Sie keine Bedenken, wenn Ihr Brief nur aus einem Absatz besteht – vielleicht sogar nur aus einer Zeile. Wenn es nicht mehr zu sagen gibt, dann ist das eben so. Der Empfänger wird sich darüber freuen, dass Sie auf den Punkt kommen und trotzdem freundlich formulieren.

Beispiel:

Liebe Frau Dr. Werner,

Sie erhalten, wie versprochen, eine Kopie des Vertrags für Ihre Unterlagen.

Freundliche Grüße aus München

i. A. Sabine Salzmuth
Sabine Salzmuth

Anlage
Kopie des Vertrags

Abschnitte

Ein Abschnitt ist ein Teil eines Textes, der durch Gliederung, eine Abschnittsnummer oder Abschnittsüberschrift gekennzeichnet ist. Abschnitte werden mit je einer Leerzeile vom vorhergehenden und vom nachfolgenden Text abgesetzt.

Beachten Sie:
Am Ende einer Abschnittsnummer steht kein Punkt.

Außerdem:
Fügen Sie nach der Abschnittsnummer mindestens zwei Leerzeichen ein, bevor Sie mit dem Abschnitts-Überschriftentext beginnen.

Wenn die Abschnittsüberschriften sich über mehrere Zeilen erstrecken, beginnt die zweite Zeile in der Fluchtlinie der ersten.

Hinweis:
Der eigentliche Text unter den Überschriften beginnt in derselben Linie wie Anfang der Abschnittsnummer.

Beispiel:

1.1   Weiterbildungs-Seminare *(mindestens 2 Leerzeichen nach der Abschnittsnummer)*

Lorem ipsum dolor sit amet, consectetuer adipiscing elit, sed diam nonummy nibh euismod tincidunt ut laoreet dolore magna veniam, quis nostrud exerci tation

1.1.1 Rhetorik *(mindestens 2 Leerzeichen nach der Abschnittsnummer)*

Lorem ipsum dolor sit amet, consectetuer adipiscing elit, sed diam nonummy nibh euismod tincidunt ut laoreet dolore magna veniam, quis nostrud exerci tation

Absender

Für Briefblätter ohne Aufdruck gilt:

Die Absenderangabe beginnt in der fünften Zeile beziehungsweise nach 16,9 mm von der oberen Blattkante. Bei der Gesamthöhe der Absenderangabe ist die Position des Anschriftenfelds zu berücksichtigen. Das heißt, dass zuerst der Absender steht und dann die Anschrift.

Zum Absender gehören: Name, Straße beziehungsweise Postfach, Ort und im internationalen Schriftverkehr auch das Land. Die Angaben werden nicht durch Leerzeilen voneinander getrennt. Sinnvoll ist es ebenfalls, Telefonnummer (falls gewünscht auch Handynummer) und E-Mail-Adresse zu ergänzen. Ob die Adresse links-, rechtsbündig oder mittig steht, ist egal.

Beispiel für die Gestaltung des Absenders nach DIN 676
Der Absender beginnt 16,9 mm von der oberen Blattkante

Sabine Reitmaier	1,69 cm von der oberen Blattkante	*Ritterweg 12*
		4321 Frankfurt
		Telefon: 069 213455
		Mobil: 0179 1234567
		s.reitmaier@gmx.de
Herrn	6,35 cm von der oberen Blattkante	
Claus Maier		

Sie können die Absenderangaben auch mittig setzen.

Praxistipp: Die Zahlen erscheinen etwas krumm. 1,69 cm und 6,35 cm. Setzen Sie ihren Absender so, dass es schick aussieht und er nicht ins Anschriftenfeld rutscht.

Beispiele für die Gestaltung des Absenders bei Firmenbriefpapier.

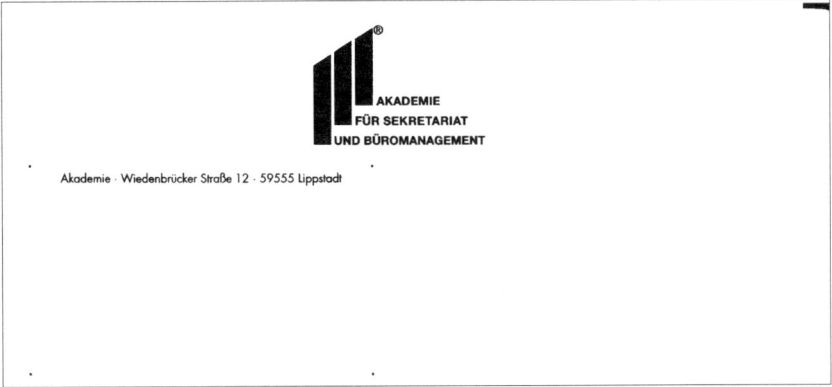

Der Absender ist im Sichtfenster zu sehen

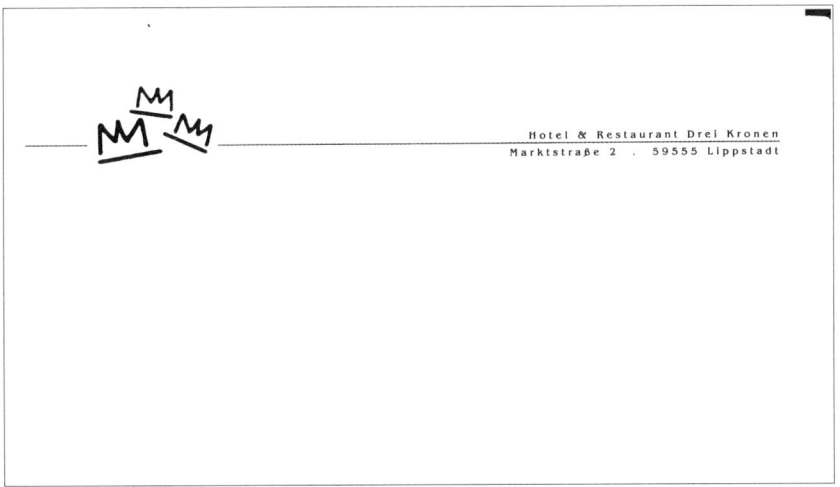

Der Absender ist nicht zu sehen

Der Kommentar:

Praktischer ist es, der Absender ist im Sichtfenster zu erkennen, dann muss er nicht gesondert auf dem Umschlag angegeben werden.

Anführungszeichen

Anführungszeichen werden zur Kennzeichnung von Eigennamen, Zitaten oder direkter Rede benutzt. Setzen Sie diese unmittelbar, also ohne Leerschritt vor und hinter den jeweiligen Textteil, den Sie in Anführungszeichen setzen.

Es gibt zwei Arten von Anführungszeichen – beide sind erlaubt: Gerade und typografische Anführungszeichen. Es hängt von Ihrer ganz persönlichen Vorliebe ab, welche Art der Anführungszeichen Sie verwenden. Entscheiden Sie sich jedoch pro Text oder Brief ausschließlich für eine Art.

Beispiel für gerade Anführungszeichen:
"Top-Zeitmanagement" – das Praxisseminar für Manager

Beispiel für typographische Anführungszeichen:
„Top-Zeitmanagement" – das Praxisseminar für Manager

Anführungszeichen, halbe

Wenn Sie innerhalb einer Anführung, also beispielsweise innerhalb einer direkten Rede, zusätzlich etwas in Anführungszeichen setzen müssen, sind halbe Anführungszeichen erforderlich. Sie verwenden dazu das Zeichen für Apostroph auf Ihrer Tastatur.

Beispiel:
Herr Mertin sagte: „Wenn Sie wirklich wollen, dann sende ich Ihnen gerne ‚die Storno-Rechnung' sofort zu!"

Anlagevermerk

Wenn Sie einem Brief etwas beilegen, wird das „Anlage" genannt. Der Hinweis auf die Anlage steht zum Schluss des Schreibens. Diese Angabe ist immer noch aktuell.

Und so wird der Anlagehinweis platziert. Wenn Sie Ihren Namen nicht per PC am Ende des Briefs wiederholen, sondern lediglich unterschreiben (davon ist aus Gründen der Höflichkeit abzuraten), sollten Sie viermal schalten; Sie lassen also drei Leerzeilen vor dem Vermerk „Anlage".

Wiederholen Sie Ihren Namen per PC – das ist die empfehlenswerte und höfliche Variante –, lassen Sie eine Leerzeile zwischen dem PC-geschriebenen Namen und dem Anlagevermerk.

Darstellungsbeispiel:
Mit freundlichen Grüßen nach München
•
•
•
Eike Hovermann
•
Anlage

Sie können das Wort „Anlage" durch Fettdruck hervorheben, müssen es aber nicht.

Beachten Sie: Früher wurde „Anlage" unterstrichen. Doch das ist altmodisch. Bitte setzen Sie auch keinen Doppelpunkt nach „Anlage".

Darstellungsbeispiel:
Mit besten Grüßen
•
•
•
Eike Hovermann

Anlagen
Prospekte
Lieferschein

Darstellungsbeispiel:
Anlage
Warenprobe

Wenn Sie einen besonders langen Brief schreiben oder Sie viele Anlagen aufführen, kann es passieren, dass der Platz auf dem Briefbogen nicht ausreicht.

In diesem Fall können Sie den Anlagenvermerk rechts neben die Grußformel setzen. Laut DIN soll der Abstand vom linken Rand bis zum Anlagevermerk 125,7 Millimeter betragen.

Darstellungsbeispiel:
Lorem ipsum dolor sit amet, consectetuer adipiscing elit, sed diam nonummy nibh euismod tincidunt ut laoreet dolore magna veniam, quis nostrud exerci tation ullamcorper suscipit lobortis nisl ut aliquip ex ea commodo consequat. Duis autem vel eum iriure dolor in hendrerit

Mit den besten Wünschen   Anlagen
•
•
•
Eike Hovermann

Praxistipp:
Da Sie wohl kaum nachmessen möchten, ob der Anlagevermerk tatsächlich 125,7 mm vom linken Rand entfernt steht, betätigen Sie einfach die Tab-Taste dreimal. Sind die Tabulatoren standardmäßig eingestellt, steht der Anlagenvermerk so, dass es gut aussieht.

Anrede

Die DIN 5008 äußert sich nur zur formalen Dingen, nicht aber zur inhaltlichen Gestaltung.

Meine folgenden Empfehlungen zur Anrede sollten Sie unbedingt kennen und anwenden:

Die Anrede steht immer linksbündig mit einem zweizeiligen Abstand zur Betreffzeile.

Nach der Anrede folgt eine Leerzeile.

Für den Fall, dass der Betreff entfällt, gibt die DIN keine Empfehlung.

Meine Empfehlung in diesem Fall:

Bleiben Sie bei den zwei Leerzeilen Abstand nach der Anrede – entweder zur

- letzten Zeile des Informationsblocks,
- letzten Zeile der Bezugszeichenzeile oder
- letzten Zeile (9. Zeile) des Anschriftenfelds.

Darstellungsbeispiel:

Text Betreffzeile

●

●

Lieber Herr Schröder,

●

vielen Dank, dass Sie mir sofort die Unterlagen geschickt haben.

1. Zeile
2. Zeile
3. Zeile
4. Zeile   Herrn
5. Zeile   Dr. Claus Mertens
6. Zeile   Südstraße 24
7. Zeile   59555 Lippstadt
8. Zeile
9. Zeile

●

●

Sehr geehrter Herr Dr. Mertens,

●

vielen Dank ....

Anrede

Gestalten Sie die Anrede möglichst treffend, persönlich und so, dass der Empfänger sich optimal angesprochen fühlt.

Anreden wie

■ *Verehrte Herren* oder
■ *Sehr verehrte gnädige Frau Müller* oder
■ *Sehr verehrte Frau Schulze*

sind verstaubt und in der Regel unangebracht!

Anrede von „nur" Herren

Wie schreiben Sie ausschließlich Herren an?
Beispielsweise, wenn Sie mit Ihrem Brief an ein Gremium schreiben, dem nur Herren angehören. Empfiehlt sich dann die Schreibweise „*Sehr geehrte Herren*"?

Meine Empfehlung:
Die Anrede „*Sehr geehrte Herren*" wirkt ungewollt distanziert. Sie können außerdem davon ausgehen, dass auch Damen den Brief lesen und / oder bearbeiten werden. Deshalb schreiben Sie lieber „*Sehr geehrte Damen und Herren*".

Anrede von mehreren Personen

Wenn beide Personen einen relativ kurzen Namen haben, schreiben Sie die Anreden in eine Zeile.

Darstellungsbeispiel
Sehr geehrter Herr Brode, sehr geehrter Herr Mertin,

Bei längeren oder Doppelnamen empfiehlt es sich, für die zweite Anrede eine zweite Zeile zu verwenden:

Darstellungsbeispiel

Sehr geehrte Frau Bartmann-Salmen,
sehr geehrter Herr Gerke-Freibergen

Reden Sie gar drei Personen in einem Brief an, verwenden Sie am besten für jede Anrede eine Zeile.

Geht die Zahl der Angesprochenen über drei hinaus, sollten Sie überlegen, ob Sie nicht jeder Person einen eigenen Brief schicken, statt alle mit einem Brief anzuschreiben.

Sie können dann im Verteiler den jeweiligen Empfänger darauf hinweisen, wer dieses Schreiben außer ihm noch erhalten hat.

Anrede – Mann und Frau – Wer zuerst?

Privat
Wenn Sie in einem privaten Brief einen Herrn und eine Dame anreden, dann sollten Sie aus Höflichkeit die Dame zuerst nennen.

Im Business
In einem Geschäftsbrief spielt das Geschlecht der Empfänger keine Rolle. Hier ist die Hierarchie entscheidend.
Die in der Hierarchie oben stehende Person wird zuerst angeredet.

Sollten sich die Frau und der Mann auf der gleichen hierarchischen Ebene befinden, dann wird die Dame zuerst angeredet.

Anrede von Titelträgern

Bei der Korrespondenz mit Personen, die einen akademischen, kirchlichen oder Adelstitel tragen, stellt sich oft die Frage: Wie rede ich diese Personen wirklich korrekt an?

Es gilt: Lieber einen Titel zu viel als zu wenig. Hierbei besteht allerdings die Gefahr, umständlich oder zu devot zu wirken, groß. Deshalb habe ich hier die häufigsten Anreden für Sie zusammengestellt.

1 Doktortitel

Beispiel

Sehr geehrter Herr Dr. Appel,

2 Doktortitel – Dr. Dr. ?

Beispiel

Ebenfalls: *Sehr geehrte Frau Dr. Linten,*

Achtung:

Die Nennung eines Doktortitels in der Anrede ist ausreichend. Beachten Sie: In der Anschrift tauchen beide Doktortitel auf.

Professorentitel

Beispiel

Sehr geehrter Herr Professor Hülsey,	oder
Sehr geehrte Frau Professor Rasch,	oder
Sehr geehrte Frau Professorin Schulte	

Beachten Sie die folgenden drei Punkte:

■ Der Professor wird laut DIN abgekürzt. Diese Empfehlung der DIN erscheint wenig höflich. Schreiben Sie den Professor deshalb immer aus. Das ist stilistisch besser und höflicher.

■ Wenn jemand einen Professoren- und einen Doktortitel trägt, tauchen beide zwar in der Anschrift, nicht aber in der Anrede auf. In der Anrede fällt der Doktortitel zugunsten des Professorentitels weg.

■ Einen weiblichen Professor können Sie entweder mit „*Frau Professor Mertin*" oder mit „*Frau Professorin Mertin*" anreden.

Adelstitel und Doktor oder Professor

Beispiel

Sehr geehrter Baron von Schorlemmern,

Sollte der Graf über einen Doktortitel verfügen, dann wird *Baron von Schorlemmern auch damit angeschrieben*

Beispiel

Sehr geehrter Dr. Baron von Schorlemmern,

Die Anschriften sähen so aus:

Beispiel

Herrn
Adolf Baron von Schorlemmern

beziehungsweise

Herrn
Dr. Adolf Baron von Schorlemmern

Meine Empfehlung:

Über diese Beispiele hinaus gibt es noch unzählige andere Anreden und Anredenkombinationen. Es gibt auch viele Adelige, die keinen Wert oder „übersteigerten" Wert auf die Nennung ihres Adelstitels legen.

Rufen Sie in solchen heiklen Situationen doch einfach im Büro des Adressaten an, und erkundigen Sie sich, wie er oder sie gern angeschrieben werden möchte. So sind Sie immer auf der sicheren Seite!

Anschriften

Anschriftenfeld

Das Anschriftfeld misst 40 mal 85 Millimeter.

Die Deutsche Post hat die Anforderung für die Maschinenlesbarkeit von Adressen geändert. Die DIN 5008 hat dies in ihrer neusten Fassung ebenfalls geändert. Hier alle gültigen Regeln zur Gestaltung der Adresse auf einen Blick.

Insgesamt stehen Ihnen neun Zeilen für die Gestaltung der Anschrift, inklusive Vermerkzone zur Verfügung. Für die Vermerkzone stehen drei Zeilen zur Verfügung. Die eigentliche Adresse beginnt deshalb erst in Zeile vier.

Benötigen Sie nur einen Zeile für den Vermerk, steht dieser in Zeile drei. Ein zweizeiliger Vermerk beginnt in Zeile 2.
Und der dreizeilige Vermerk beginnt in Zeile 1.

1. Zeile
2. Zeile
3. Zeile   Übergabe-Einschreiben
4. Zeile   Frau
5. Zeile   Hildegard Schmidt
6. Zeile   Römerstraße 112
7. Zeile: 53111 Bonn
8. Zeile
9. Zeile

1. Zeile
2. Zeile   Nicht nachsenden
3. Zeile   Übergabe-Einschreiben
4. Zeile   Herrn
5. Zeile: Professor Dr. Max Hering
6. Zeile   Universität Hamburg
7. Zeile   Abteilung 5/4 SK
8. Zeile   Postfach 32 12 78
9. Zeile   20146 Hamburg

Da die Post zwischen einem Übergabe- und einem Einwurf-Einschreiben unterscheidet, sollten Sie das bei der Angabe der Versendungsart auf jeden Fall auch tun.

Beachten Sie außerdem:

Postleitzahlen werden *nicht gesperrt* geschrieben, also nicht 5 9 5 5 7.

Ortsnamen werden *nicht fett* geschrieben.

Zwischen Straße und dem Ort steht *keine Leerzeile mehr.*

Professor – die richtige Schreibweise

Früher wurde laut DIN 5008 zwischen habilitierten und nicht habilitierten Professoren unterschieden. Davon hing die Platzierung des Professors in der Anschrift ab.

Der „Professor" steht ausgeschrieben, wie „Rechtsanwalt" und „Direktor" direkt hinter Herrn.

Herrn Professor
Peter Schlau

Die alte Empfehlung bei nicht habilitierten Professoren

Aber: Wenn der Professor habilitiert hat, also ein „richtiger" Professor ist, steht er abgekürzt vor dem Namen.

Herrn
Prof. Dr. Peter Oberschlau

Die alte Empfehlung bei habilitierten Professoren

Mit dieser unsinnigen Regelung ist jetzt Schluss.

Laut aktueller DIN 5008 gilt, dass der Professor abgekürzt, also „Prof.", in jedem Fall vor den Namen gehört, da es nicht erkennbar ist, ob es sich um eine Amtsbezeichnung oder um einen akademischen Grad handelt.

Herrn
Prof. Dr. Peter Oberschlau

Die geltende Empfehlung für alle Professoren

Praxistipp:

Kürzen Sie den Professor bitte nicht ab, da es unhöflich erscheint.

Frau
Professorin Renate Kölmann

Der Professorentitel steht nicht abgekürzt vor dem Namen.

Akademische Titel und Diplome in der Anschrift

Akademische Titel und Diplome wie zum Beispiel Dr. und Dipl.-Ing. stehen unmittelbar vor dem Namen, also in derselben Zeile.

Herrn
Dr. Herbert Engel

Der Doktortitel steht immer abgekürzt vor dem Namen.

Berufsbezeichnungen in der Anschrift

Berufsbezeichnungen hingegen wie zum Beispiel Direktor oder Rechtsanwalt werden hinter „Herrn" beziehungsweise „Frau" geschrieben.

Herrn Rechtsanwalt
Dr. Dominik Meyer

Herrn Vorstandsvorsitzenden
Jens Müller
Metra AG

Meine Empfehlung:

Längere Berufsbezeichnungen können Sie auch unterhalb des Namens platzieren.

Herrn
Sebastian Klieve
Vorsitzender des Vorstands

Musteranschriften – für alle Fälle

Frau
Jennifer Pekovic
Leibnizstraße 210
59557 Lippstadt

Herrn Frank Kasper
Hügelweg 9
01067 Dresden

Sie haben die Wahl: „Frau" oder „Herrn" können Sie unmittelbar vor den Namen oder in die Zeile darüber schreiben.

Meine Empfehlung:

Schreiben Sie „Frau" oder „Herrn" auf jeden Fall in Ihre Anschrift. So wirkt Ihr Brief von Anfang an höflich. Und: Es heißt „Herrn" nicht „Herr".

Frau
Dr. Beate Biermann
Landsbergerstraße 25
55635 Köln

Der „Doktor" und die „Doktorin" stehen abgekürzt vor dem Namen.

Herrn
Professor Dr. Michael Hans-Maier
Schwermannskamp 8
34117 Kassel

Beachten Sie: Die DIN erlaubt, den „Professor" abzukürzen.

Platzierung und Schreibweise von Berufsbezeichnungen

Frau Rechtsanwältin
Dr. Heike Hansmann
Soesterstraße 56–58
59494 Soest

Herrn Direktor
Claus Rappenberg
Schöller KG
Postfach 82 36
85049 Ingolstadt

Bei „Rechtsanwältin" handelt es sich wie bei einem „Direktor" um eine Berufsbezeichnung. Deshalb steht die „Rechtsanwältin" oberhalb und nicht in der Zeile des Namens.

Herrn
Dipl.-Ing. Martin Kaiser
Auf der Heide 83
99423 Weimar

Der „Dipl.-Ing." steht abgekürzt vor dem Namen. Die Tendenz in der zeitgemäßen Korrespondenz: Man schreibt den Dipl.-Ing. immer seltener davor, es sei denn, Sie wissen, dass der Empfänger großen Wert darauf legt.

Herrn Jens Müller
Vorsitzender des Vorstands
Metra AG
Holunderweg 12–16
75837 Mannheim

Die Amtsbezeichnung unter den Namen zu setzen ist eleganter als „Herrn Vorstandsvorsitzenden".

Herrn
Ingo Becker
Kölner Straße 12 a
45673 Düsseldorf

Frau
Katrin Schulz
Berliner Straße 19 B
56789 Köln

Sie können 19 B sowohl groß als auch klein schreiben = 19 b.

Frau Petra Heinz
Ruheweg 22 u. 23
14329 Dresden

Laut DIN kürzen Sie das „und" mit „u." ab. Da in einer zeitgemäßen Korrespondenz Abkürzungen nichts zu suchen haben, empfehle ich Ihnen: Schreiben Sie das „und" aus.

Herrn Jochen Schröder
Maxstraße 17 // W 10
87530 München

Herr Schröder wohnt in Wohnung 10 in der Maxstraße mit der Hausnummer 17.

Frau
Ursula Hesse
Hörste
Steinweg 13
59557 Lippstadt

Ortsteilnamen (z. B. Hörste) werden direkt oberhalb der Straße oder Postfachangabe geschrieben. Sie stehen nicht hinter der Stadt. Falsch wäre es also zu schreiben: 59557 Lippstadt-Hörste

Eheleute
Tina und Walter Engbert
Detmolder Straße 28
65820 Heidelberg

Die Angabe „Eheleute" ist laut DIN in Ordnung. Praxistipp: Die Bezeichnung „Eheleute" erscheint altmodisch. So schreiben Sie ein Ehepaar zeitgemäß an.

Herrn Walter Engbert
Frau Tina Engbert

Den Mann zuerst zu nennen, ist international die am häufigsten gebrauchte Form. In Deutschland können Sie aber auch die Frau zuerst nennen:

Frau Tina Engbert
Herrn Walter Engbert

Claudia Peters
Claudia Peters GmbH
Cappelstraße 18
29588 Hamburg

Sie können auf die „Frau" im Anschriftenfeld verzichten. Schöner ist es, Sie ergänzen „Frau".

Rick Mertin GmbH & Co. KG
Herrn Udo Jansen
Ludwig-Erhardt-Allee 3
33163 Bielefeld

Beachten Sie:
Schreiben Sie immer „Herrn" nicht „Herr". Denn es handelt sich hier um einen Akkusativ. An wen wird der Brief geschickt? An **Herrn** Jansen.

Herrn
Ralf Groß
bei Ulrike Reiter

Bei Untermietern wird der Name des Wohnungsinhabers unterhalb des Namens des Empfängers, also des Untermieters, geschrieben.

Bitte verwenden Sie in der deutschen Korrespondenz kein „c/o". Es handelt sich hierbei um eine englische Abkürzung, die immer wieder zu Missverständnissen führt und regelmäßig falsch verwendet wird. Siehe dazu auch Seite 54.

Mayer & Landmann KG
Lange Straße 82
13563 Ulm

Wenn aus dem Firmennamen eindeutig zu erkennen ist, dass es sich um eine Firma handelt (hier zu erkennen An „KG") fällt die Bezeichnung „Firma" weg.

Firma
Birgit Mertens
Erwitter Straße 23
13563 Ulm

Frau
Alexandra Heinze e. Kfr.
Hohenstaufenring 13
56675 Hessen

„e. Kfr." steht für „eingetragene Kauffrau".

Finanzamt Kassel-Ost
Postfach 22 33
25824 Kassel

Stadtdirektor
der Hansestadt Hamburg
Postfach 18 28
27589 Hamburg

Schreiben Sie nicht mehr „An das Finanzamt" oder „An den Stadtdirektor".

Einwurf-Einschreiben
Frau
Marion Klein
Tiefstraße 23
72788 Stuttgart

Übergabe-Einschreiben
Stadtdirektor der Stadt Chemnitz
Abteilung Recht und
Ordnung
Dezernat 2 R
Frau Angela Herzog
Postfach 58 73
40210 Düsseldorf

Nicht nachsenden
Frau Theresia Martin
Wiedenbrücker Straße 32
14770 Berlin

Keine Leerschritte mehr zwischen dem Versendungsvermerk und der eigentlichen Adresse. Der dreizeilige Versendungsvermerk beginnt in der ersten Zeile, der zweizeilige in der zweiten und der einzeilige Vermerk steht in der dritten Zeile.

Vorab per Fax: 089 1234-567
Schröder GmbH
Frau Sabine Gärtner
Walserstraße 122
89633 München

Schicken Sie einen Brief „vorab per Fax", steht dieser Vermerk oberhalb der Adresse – also wie ein ganz normaler Versendungsvermerk.

Anschreiben von gleichgeschlechtlichen Paaren

Gleichgeschlechtliche Lebensgemeinschaften sind nichts Besonderes mehr. Homosexuelle Paare werden genau so angeschrieben wir heterosexuelle.

Also:

Herrn Claus Brandt
Herrn Peter Mertens

Frau Sabine Rieger
Frau Gabi Wertheim

Anschriften, Ausland

Der Aufbau ausländischer Anschriften unterscheidet sich nur wenig vom Aufbau deutscher Anschriften. Trotzdem schleichen sich sehr häufig Fehler ein, die die Postlaufzeiten unnötig verlängern und der Post das Leben schwer machen.

Häufig werden ausländische Anschriften so geschrieben:

Madame
Nicolette Tujour
Rue Hermes 45
B-53454 Lüttich

Die drei Fehler in dieser Anschrift sind:

1. Das „B" für Belgien wird nicht mehr geschrieben. Länderkennzeichen sind schon seit Jahren nicht mehr „erlaubt".

2. Der Ortsname, also „Lüttich", wurde nicht in der Landessprache geschrieben.

3. Der Ortsname wurde nicht in Großbuchstaben geschrieben.

Die korrekte Gestaltung einer ausländischen Anschrift:

Madame
Nicolette Tujour
Rue Hermes 45
53454 LIEGE
BELGIEN

Achtung! Folgende Regelungen sollten Sie bei Auslandsanschriften beachten:

1. Keine Leerzeilen in der Anschrift.
2. Kein Länderkennzeichen vor der Postleitzahl.
3. Der Ort wird in Landessprache, also „FIRENZE", „PRAHA" oder „ROMA", geschrieben, wenn möglich.
4. Der Ort wird in Versalien geschrieben.
5. Das Bestimmungsland steht ohne Leerzeile in deutscher Sprache in Versalien unterhalb des Bestimmungsorts.

Achtung!

In der aktuellen Auflage des Dudens finden Sie noch andere Schreibweisen. Diese Schreibweisen entsprechen weder der DIN 5008 noch den Empfehlungen der Post.

Verwenden Sie diesen Aufkleber auch bei Briefen innerhalb Europas!

Verwenden Sie auch bei Briefen innerhalb Europas den Luftpostaufkleber!

Nur so stellen Sie sicher, dass Ihre Sendungen auch im Ausland "prioritaire", das heißt auf dem schnellsten Weg, befördert werden.

Apostroph

Das Apostroph ersetzt ausgelassene Buchstaben.

Darstellungsbeispiel:

> *Geht's Dir gut?*
> *Sind's deine Klamotten?*

Achtung!
Verwenden Sie den Apostroph nicht, um die Verschmelzung von Präpositionen und Artikeln, die allgemein gebräuchlich sind, darzustellen.

Darstellungsbeispiele:

Falsch	Richtig
Danke für's Helfen.	Danke fürs Helfen.
Ich habe die Pullover in's Regal gelegt.	Ich habe die Pullover ins Regal gelegt.
Ich bin unter's Sofa gekrochen und habe alle Ecken abgesucht.	Ich bin unters Sofa gekrochen und habe alle Ecken abgesucht

Vorsicht!
Ein anderer Fehler, der häufig gemacht wird: Der Apostroph wird zur Genitiv-Kennzeichnung benutzt.

Darstellungsbeispiel:
> *Willi's Gemischtwaren-Laden*

Diese Schreibweise ist falsch.

Die richtige Schreibweise lautet:
> *Willis Gemischtwaren-Laden*

Aufzählungen

Auch für Aufzählungen gibt es klare Empfehlungen in der DIN. Wenn Sie in Ihrer Korrespondenz etwas aufzählen möchten, dann haben Sie verschiedene Möglichkeiten.

Für alle Aufzählungen gilt:
Setzen Sie die Aufzählungen in jedem Fall durch eine Leerzeile vom anderen Text sowohl am Beginn als auch am Ende ab.

Darstellungsbeispiel:

> *Bei uns erhalten Sie*
>
> *1. Kleine Autos,*
> *2. schnelle Autos,*
> *3. komfortable Geländewagen,*
> *4. Lastkraftwagen.*
>
> *Und natürlich Fahrzeuge mit einer 12 Monatsgarantie.*

Beachten Sie, dass hinter dem letzten Glied der Aufzählung ein Punkt steht, da hier in diesem Fall damit ein Satz endet.

Die einzelnen Elemente einer Aufzählung können jeweils durch eine Leerzeile voneinander getrennt werden. Dies ist allerdings nur dann empfehlenswert, wenn die einzelnen Aufzählungselemente sich über mehrere Zeilen erstrecken.

Darstellungsbeispiel:

Die Akademie bietet Ihnen:

> – *professionelle Seminare in einem tollen Ambiente: exklusive Hotels und zahlreiche Sportmöglichkeiten in unmittelbarer Nähe der Seminarorte sowie ein attraktives Freizeitangebot*
>
> – *erfahrene Trainer und Dozenten, Referentinnen und Referenten mit den besten Qualifikationen und langjähriger Praxiserfahrung.*
>
> *Die Akademie bietet mehr als nur Weiterbildung!*

Es spricht nichts dagegen, wenn Sie die Möglichkeiten Ihres Textverarbeitungsprogramms nutzen und die verschiedenen Aufzählungsmöglichkeiten verwenden:

Darstellungsbeispiel:

> *Neu in unserem Angebot:*
> - *Farb-Kopierer*
> - *Wireless-Lan-Geräte*
> - *Farb-Laserdrucker*

Sie können mehrstufige Aufzählungen auch eingerückt aufzählen.

> *Wir haben uns auf die folgenden Weiterbildungsbereiche spezialisiert:*
>
> *1. Management*
>   *a) BWL*
>   *b) Controlling*
>   *c) Rhetorik*
>
> *2. Sekretariat und Assistenz*
>   *a) Ablage*
>   *b) Office-Management*
>   *c) Zeitmanagement*
>
> *Überzeugen Sie sich persönlich von unseren ausgezeichneten Seminaren.*

Auslassungspunkte

Auslassungspunkte können Sie anstelle einer Textwiederholung, wenn Ihnen die Wiedergabe einer ganzen Textpassage zu umständlich erscheint, verwenden.

Das müssen Sie bei der Verwendung von Auslassungspunkten wissen:

- Die drei Punkte kennzeichnen die ausgelassene Textstelle.
- Verwenden Sie vor und hinter den Auslassungspunkten jeweils ein Leerzeichen, um sie vom Text abzusetzen.
- Wenn der ausgelassene Textteil sich am Ende des Satzes befindet, dann schließen die drei Auslassungspunkte den Satzschlusspunkt mit ein. Schreiben Sie hier also keinen vierten Punkt!

Darstellungsbeispiel:

> *Sehr geehrter Herr Müller,*
>
> *ich habe Sie vor etlichen Wochen mit meinem Schreiben ... darauf hingewiesen, dass Sie sich um diesen Fall kümmern sollten.*

Achtung Besonderheiten!

Die Auslassungspunkte gelten nicht für Jahreszahlen! Wenn Sie diese ergänzen möchten, dann schreiben Sie nur zwei Punkte.

Darstellungsbeispiel:

> *20..*

Meine Empfehlung ist jedoch:

Schreiben Sie die Jahreszahlen einfach immer aus. Dies wirkt auf den Empfänger wesentlich höflicher und ist auch sehr viel eindeutiger. Und es macht auch nicht wirklich viel mehr Arbeit als die beiden Punkte zu schreiben.

Beglaubigungsvermerk

Die folgende Empfehlung der DIN bezieht sich auf Behördenbriefe.

Wird ein Behördenbrief nicht eigenhändig unterzeichnet, schließt er in der Regel mit einem Beglaubigungsvermerk ab.

Der Briefabschluss besteht dann aus dem Gruß, einem Zusatz (zum Beispiel „im Auftrag"), dem Namen des Bearbeiters, eventuell seiner Amtsbezeichnung, dem Anlagen- und Verteilervermerk, dem Wort „Beglaubigt", dem Namen des Beglaubigenden und dessen Amtsbezeichnung.

Darstellungsbeispiel:

> *Mit freundlichem Gruß*
> •
> *im Auftrag*
> *Müller*
> •
> *Beglaubigt*
> •
> •
> •
> *Schneider*
> *Verwaltungsangestellte*

Meine Empfehlung besonders für Behördenbriefe:

Leider wird in dem Anwendungsbeispiel in der DIN 5008 nur der Hausname des Unterschreibenden genannt. Auch wenn Sie in einer Behörde arbeiten, sollte die Nennung des Vornamens neben dem Hausnamen eine Selbstverständlichkeit sein.

Betreff

Der Betreff soll eine stichwortartige Inhaltsangabe des gesamten Briefes sein. Grundsätzlich muss gesagt werden, dass die Betreffzeile kein Muss ist. Sie können sie verwenden, wenn es Ihnen sinnvoll erscheint. Sie müssen aber nicht!

Beachten Sie bei der Verwendung der Betreffzeile jedoch folgendes:

■ Leiten Sie die Betreffzeile *nicht* durch das Wort „Betreff", „Betr." oder „Betrifft" oder Ähnliches ein.

> *Betreff: Ihr Brief vom letzten Donnerstag*

So auf keinen Fall

Lassen Sie zwischen Betreffzeile und Anrede zwei Leerzeilen.
■ Aus optischen Gründen kann die Betreffzeile hervorgehoben werden. Nach der DIN können Sie die Betreffzeile sogar farbig hervorheben oder aber einfach durch Fettdruck.

Meine Empfehlung:

Verwenden Sie in Geschäftsbriefen nur Fettdruck, um die Betreffzeile besonders hervorzuheben. Farbige Betreffe eignen sich eher nur für Glückwunschschreiben oder Ähnliches.

■ Setzen Sie keinen Punkt an das Ende der Betreffzeile. Andere Satzzeichen, wie zum Beispiel Ausrufezeichen oder Fragezeichen (Wir haben ein ganz besonderes Angebot für Sie! Oder: Kennen Sie unser neues Angebot schon?), sind, wenn die Betreffzeile so gestaltet ist, erforderlich.
■ Sie dürfen den Betreff über mehrere Zeilen schreiben.

Beispiel
> *Kennen Sie unsere neuen Angebote?*
> *Kräuterquark mit Walnüssen und Oliven mit Aceto Balsamico*

Meine Empfehlung ist jedoch:
Belassen Sie es bei einer Betreffzeile. Das sieht weniger nach Werbung aus und ist besser und schneller zu lesen.

- Wenn Sie keine Bezugszeichenzeile verwenden, müssen Sie einen Abstand von zwei Zeilen zum Anschriftenfeld (nicht zur Anschrift!) frei lassen.
- Lassen Sie also nach der neunten Zeile des Anschriftenfelds bei fehlender Bezugszeichenzeile noch zwei Zeilen frei, bevor Sie den Betreff schreiben. Bei normalen Anschriften sind dies häufig vier Leerzeilen zwischen der letzten Zeile der Anschrift und der Betreffzeile.

1. Zeile
2. Zeile
3. Zeile
4. Zeile   Frau
5. Zeile   Dr. Claudia Lindenberg
6. Zeile   Windsorweg 22
7. Zeile   87653 München
8. Zeile
9. Zeile
●
●

Ihr Brief vom 24. April 2006

Betreffzeile – Kreativität in der Betreffzeile

Da die DIN 5008 keine inhaltlichen, sondern nur formale Dinge regelt, werden Sie dort keine Vorschläge oder Hinweise für kreativere Betreffzeilen finden.

Sinn und Zweck der Betreffzeile ist es, einen Hinweis auf den Inhalt des Briefs zu geben. Meine Empfehlung ist ebenfalls, dass Sie nicht die Worte der Bezugszeichenzeile in der Betreffzeile wiederholen

So nicht:

Ihr Schreiben vom 20. Januar 2006

Sehr geehrter Herr Denker,

vielen Dank für Ihr Schreiben vom 20. Januar 2006.

Ebenfalls sehr unschön sind auch die folgenden Varianten:

- *vielen Dank für Ihr o. g. Schreiben*
- *Bezug nehmend auf das o. g. Schreiben*
- *mit Bezug auf das vorgenannte Schreiben*

Sondern so:

Ihr Schreiben vom 20. Januar 2006

Sehr geehrter Herr Denker,

herzlichen Dank, dass Sie so schnell geantwortet haben.

Kreativität ist gefragt

Sicher macht es bei vielen Briefen Sinn, die Betreffzeile sachlich zu gestalten. Doch nicht immer müssen Sie sich an nüchterne Fakten halten. Viele Briefthemen eignen sich für eine kreative Gestaltung der Betreffzeile.

Bedenken Sie: Mit der Betreffzeile können Sie bereits für Aufmerksamkeit sorgen und den Empfänger für den weiteren Inhalt des Briefs interessieren. Briefe zu Geburtstagen und Jubiläen, Einladungen, aber auch Terminbestätigungen eignen sich für kreative Betreffzeilen.

Beispiel

- *Schön, dass Sie Zeit haben*
  – Betreffzeile für eine Terminbestätigung

- *Alles Gute für Sie!*
  – Betreffzeile für ein Gratulationsschreiben
  (Geburt, Hochzeit, Geburtstag)

- *Wir freuen uns mit dir!*
  – Betreffzeile für Gratulation zur Geburt

- *Wir möchten Sie gern kennen lernen*
  – Betreffzeile für eine Einladung
  zum Vorstellungsgespräch

Bezugszeichenzeile

Bei Banken, Versicherungen und in der Verwaltung sieht man die Bezugszeichenzeile leider immer noch. Sie erscheint veraltet und sollte lieber durch den übersichtlicheeren Informationsblock (Seite 86) ersetzt werden. Da sie aber immer noch verwendet werden, hier die Empfehlungen für die korrekte Gestaltung.

Diese Angaben gehören in eine Bezugszeichenzeile:

- Ihre Zeichen, Ihre Nachricht vom
- Unsere Zeichen, unsere Nachricht vom
- Telefon, Name
- Datum

Wenn Sie mit einem vorgedruckten Briefbogen mit Bezugszeichenzeile schreiben, dann geben Sie Ihre individuellen Angaben direkt eine Zeile darunter ein. Die jeweiligen ersten Zeichen der Eingabe bildet eine Fluchtlinie mit dem jeweiligen Leitwort der Bezugszeichenzeile.

Sind mehrere Bezugsangaben zu einem Leitwort erforderlich, trennen Sie sie mit jeweils einem Komma voneinander.

Die Leitwörter stehen auf Grad 10, 30, 50 und 70 oder entsprechend 24,1/74,9/125,7 und 176,5 mm von der linken Blattkante entfernt. Sie befinden sich mit zwei Zeilen Abstand zum neunzeiligen Anschriftenfeld.

Ihre Zeichen	Ihre Nachricht vom	Unsere Zeichen, unsere Nachricht vom	Telefon	Name	Datum
jb-eh	01.04.05	dk-ny	123	Jürgen Mertin	08.04.05

Kommunikationszeile

Möchten Sie zusätzliche Angaben machen, wie zum Beispiel Telefax- und E-Mail-Anschluss, kann Sie dies laut DIN 5008 in der Kommunikationszeile erfolgen.

Die Kommunikationszeile beginnt in Höhe der letzten Zeile des Anschriftenfelds und steht rechts daneben und beginnt auf Grad 50, also 125,7 mm vom linken Blattrand. Inhaltlich passt sie gut in die Spalte der Angaben „Telefon" aus der Bezugszeichenzeile.

Herrn
Dominik Schulte
Am Wassergraben 15
59555 Lippstadt

		Telefax	E-Mail	
		02941 33-	aD.mertin@meinefirma.de	
		456		
Ihre Zeichen, Ihre Nachricht vom	Unsere Zeichen, unsere Nachricht vom	Telefon	Name	Datum
jb-eh, 01.07.06	dk-ny	02941 33-123	Jürgen Mertin	08.04.06

Beachten Sie:

Falls Ihr Briefbogen keine Bezugszeichenzeile vorgibt, empfehle ich Ihnen, den Informationsblock zu verwenden. Siehe Seite 86.

Der Informationsblock hat diese Vorteile gegenüber der Bezugszeichenzeile:

1. Die Bezugszeichenzeile reicht oft nicht für alle Informationen aus, die Sie dem Korrespondenzpartner mitteilen möchten.
2. Die Angaben in der Bezugszeichenzeile müssen wegen Platzmangels oft so klein geschrieben werden, dass sie kaum zu lesen sind.
3. Die Bezugszeichenzeile wirkt antiquiert – der Infoblock zeitgemäß.
4. Der Informationsblock ist sehr viel lesefreundlicher und damit auch kundenorientierter; der Empfänger erhält dort alle wichtigen Informationen auf einen Blick. Dies ist besonders wichtig bei Briefen mit Aktenzeichen, Kundennummern oder ähnlichem.

Meine Empfehlung für die nächste Überarbeitung Ihres Firmenbriefbogens: Verzichten Sie auf die Bezugszeichenzeile zugunsten des Informationsblocks.

Bindestrich

Koppelungen und Aneinanderreihungen werden mit dem Mittestrich als Bindestrich ohne Leerschritte ausgeführt.

- Vitamin-C-Gehalt
- der 60-Jährige Mann
- A5-Format
- öffentlich-rechtlich
- München-Haidhausen
- 10-mal
- 12-Zylinder-Motor
- 50-prozentig
- 80-Tonner

Beachten Sie, dass vor Nachsilben nur dann ein Bindestrich gesetzt wird, wenn diese mit einem Einzelbuchstaben verbunden werden.

- Die x-te Gewinnerin

Achtung:
Nach neuer deutscher Rechtschreibung steht bei den folgenden Beispielen kein Bindestrich:

- 48%ig
- 6fach
- 1945er

Blocksatz

In der DIN werden Sie keine direkten Aussagen zum Blocksatz finden. In den Anwendungsbeispielen sind zwar einige Briefe im Blocksatz geschrieben, aber daraus darf keine Regel abgeleitet werden.

Meine Empfehlung ist: Verzichten Sie auf den Blocksatz. Auch wenn Ihnen Ihre Textverarbeitung diese Möglichkeit bietet, ist der Blocksatz doch eher etwas für die Printmedien oder für anwaltliche Abhandlungen.

Der Blocksatz ist durch sein uneinheitliches Schriftbild (durch die unterschiedlichen Textweiten) viel schlechter zu lesen als der linksbündige Flattersatz.

Kurz um: Was auf den ersten Blick schön aussieht, muss nicht immer auch lesefreundlich sein.

Bruchstrich

In Ihrer Korrespondenz haben Sie die Möglichkeit zwei Arten von Bruchstrichen zu verwenden: „/" oder „–"

Sie dürfen beide nach der DIN verwenden: Beachten Sie jedoch, dass Sie vor den jeweiligen Ziffern des Bruchs keine Leerschritte verwenden.

- *1/2*
- *2/3*
- *1/9*

Diese Schreibweise empfehle ich Ihnen auch bei Ihren E-Mails zu verwenden. Der andere Bruchstrich ist nicht zu realisieren.

Achtung, es gibt eine Ausnahme:

Wenn eine ganze Zahl Bestandteil des Bruchs ist, dann steht nach dem ganzen Teil ein Leerschritt.

- *5 1/4 Zoll*

Schreibmaschine

Wenn Sie noch mit der Schreibmaschine arbeiten und den waagerechten Bruchstrich benötigen, verwenden Sie den Grundstrich auf der Tastatur und setzen ihn hoch. Der Bruchstrich beginnt mit dem ersten Zeichen des Bruchs und endet mit dem letzten.

Das Multiplikationszeichen befindet sich auf der Grundlinie. Sie können es auch hochstellen, wenn Sie möchten.

$$\frac{10.6}{10} = 6$$

Wenn Sie auf Ihrem PC über einen Formeleditor arbeiten, dann kann der Bruch auch so aussehen:

$$\frac{20 \cdot 6}{10} = 12$$

Beachten Sie, dass laut DIN das „x" als Multiplikationszeichen für Flächenformate und räumliche Abmessungen verwendet werden soll.

Mithilfe Ihrer Textverarbeitung können Sie den Multiplikationspunkt jederzeit hoch setzen oder ein mittiges Sonderzeichen zu verwenden.

c/o – care of

Und wieder ein Fall, der Ihnen die DIN nicht beantwortet.
Das c/o gehört zu den beliebtesten Anglizismen, die in der Anschrift verwendet werden.

Leider führt diese Abkürzung in der deutschen Korrespondenz zu Missverständnissen bis hin zum totalen Unverständnis, weil einige Empfänger diese Abkürzung gar nicht zu deuten wissen.

Die Übersetzung von c/o heißt: „bei" oder „im Hause"

Wenn man c/o also richtig benutzen würde, dann sähe es so aus:

Beispiel:

> *Frau*
> *Julia Mertin*
> *c/o Meier & Meier AG*

Bedeutung: Dieser Brief ist zwar an Frau Mertin gerichtet, die bei Firma Meier & Meier arbeitet, darf aber auch von anderen geöffnet werden. Dieser Brief ist nicht persönlich.

Um Missverständnisse zu vermeiden, verwenden Sie „c/o" nicht und schreiben lieber „Persönlich", wenn Sie sicherstellen möchten, dass nur der Empfänger den Brief öffnet.

Darstellungsbeispiel:

> *Persönlich*
> *Frau*
> *Julia Mertin*
> *Meier & Meier AG*

Beachten Sie: „Persönlich" steht in diesem Fall in der dritten Zeile des Anschriftenfelds. Mehr zu „persönlich" und wann Briefe geöffnet werden dürfen, finden Sie auf Seite 97.

Dateivermerk

Textverarbeitungsprogramme bieten Ihnen in der Regel die Möglichkeit bei Ihren Briefen zu vermerken, in welchem Verzeichnis und unter welchem Namen Sie dieses Dokument abgespeichert haben.

Gerade im Büroalltag ist diese Funktion eine tolle Hilfe. So finden Sie oder auch Ihre Urlaubsvertretung jeden Brief innerhalb von Sekunden in Ihrem Computer wieder.

Aber wohin mit dem Dateivermerk?

Die DIN gibt für die Positionierung des Dateivermerks keine Vorgaben.

Da die meisten Firmenbriefbögen sehr unterschiedlich gestaltet sind, kann ich Ihnen keine allgemein gültige Empfehlung zur Positionierung des Dateivermerks geben.

Hier die drei Möglichkeiten:

■ Es ist auf jeden Fall sinnvoll, den Dateinamen in einer kleineren Schrift an das Ende der jeweiligen Seite zu setzen, entweder an den linken oder rechten Rand.

■ Die zweite Möglichkeit: Setzen Sie den Dateivermerk sofort hinter das Diktatzeichen, dann allerdings in 12-Punkt-Schrift.

■ Die dritte Möglichkeit: Entgegen der DIN setzen Sie den Dateivermerk mit in den Informationsblock. Leider ist der Informationsblock manchmal die einzige Möglichkeit den Dateivermerk optisch gut unterzubringen.

Der Mini-EDV-Tipp:

So fügen Sie den Dateivermerk in Word ein:

■ Wählen Sie im Menü Einfügen den Befehl Feld.

■ Klicken Sie im erscheinenden Formular auf die Kategorie Dokumentinformationen.

■ Markieren Sie in der rechten Liste das Feld Dateiname.

■ Klicken Sie danach auf Optionen.

■ Wechseln Sie in die Registerkarte Spezifische Schalter.

■ Bestätigen Sie den Schalter \ p mit Hinzufügen.

■ Bestätigen Sie 2 x mit Ok.

■ WinWord fügt nun den kompletten Pfad der Datei an der aktuellen Cursorposition ein.

Datum

Die Schreibweise und Positionierung des Datums sorgen immer wieder für Diskussionen. Denn, die DIN hat vor ein paar Jahren die Empfehlung ausgesprochen, das Datum so zu schreiben:

2006-12-13

Internationale Schreibweise des Datums

Bei dieser außergewöhnlichen Schreibweise des Datums handelt es sich um die internationale Schreibweise. Das Problem ist allerdings, dass dies in Deutschland sehr ungewöhnlich scheint und von vielen Empfängern gar nicht verstanden wird.

Außerdem ist diese Schreibweise schwer zu lesen. Vor allen Dingen bei Daten wie 2006-07-05 fragt man sich, ob es sich um den 5. Juli oder den 7. Mai handelt.

Laut DIN dürfen Sie aber auch andere Schreibweisen verwenden:

- *08.12.2006*
- *08.12.06*
- *8. Dezember 2006*
- *8. Dez. 2006*

Nur diese Datumsschreibweise wird in der DIN nicht erwähnt:
- *8.12.2006*

Die „0" vor der „8" scheint also wichtig zu sein. Fazit: Nahezu alles ist laut DIN möglich, aber nicht alles ist empfehlenswert.

Meine Empfehlung für Sie:

Verwenden Sie vorzugsweise die alphanumerische Schreibweise, also 8. Dezember 2006. Vor allem im laufenden Text sollten Sie diese Schreibweise verwenden.

Wichtig ist: Verwenden Sie nie die internationale Schreibweise – auch nicht im internationalen Schriftverkehr. Denn beispielsweise die Amerikaner schreiben ihr Datum so: 2006-08-12. Das ist der 8. Dezember und nicht der 12. August.

So positionieren Sie das Datum bei vorhandener Bezugszeichenzeile

Das Datum wird unter das Leitwort „Datum" geschrieben. Siehe dazu auch „Bezugszeichenzeile" auf Seite 48.

So positionieren Sie das Datum, wenn Sie einen Informationsblock verwenden

Das Datum befindet sich in der letzten Zeile des Informationsblocks mit einem Abstand von einer Leerzeile zum übrigen Block. Siehe dazu auch „Informationsblock" auf Seite 86.

Wohin sonst mit dem Datum?

Die DIN äußert sich nicht dazu, wenn Ihr Briefbogen so gestaltet ist, dass es keine Bezugszeichenzeile gibt und der Platz für den Infoblock nicht vorhanden ist, weil sich dort beispielsweise Ihr Firmenlogo befindet.

Diese Möglichkeiten haben Sie:

1. Variante

Befindet sich auf der rechten Seite das Firmenlogo, muss das Datum kreativ positioniert werden.

Platzieren Sie es in dem Fall so, dass es gut aussieht. Orientieren Sie sich dann nicht an Grad 50, sondern an der Fluchtlinie, die das Datum mit der Grafik/Ihrem Logo bildet.

2. Variante

Auf einem unbedruckten Briefbogen platzieren Sie das Datum auf Grad 50, also 125,7 mm von der linken Blattkante und 16,9 mm von der oberen Blattkante entfernt.

Claudia Mertensmeier   *16. Dezember 2006*
Riengener Straße 12
76543 Stuttgart

3. Variante
Ist kein Infoblock vorhanden, gehört das Datum in die erste Anschriftenzeile auf Grad 50, also 125,7 mm von der linken Blattkante entfernt. Ist ein Logo auf Ihrem Briefbogen vorhanden, könnten Sie das Datum auch daran ausrichten.

Datum – den oder dem?

Wahrscheinlich haben Sie auch schon die folgenden Schreibweisen gesehen:

... am Montag, dem 20. Juli 2006, oder
... am Montag, den 20. Juli 2006.

Und die richtige Lösung ist: Sie können beide Schreibweisen verwenden.

Aber Achtung:

> *Ich freue mich, dich am Freitag, dem 20. Juli 2006, zu meiner Geburtstagsfeier begrüßen zu können.*

Hier die Begründung:
Wenn der Wochentag im Dativ (am = an dem) steht, dann wird der Monatstag als nachgestellter Beisatz verstanden und steht dann auch im Dativ (dem). Das bedeutet: Die Datumsangabe wird wie in dem Beispiel oben durch Kommata eingeschlossen, wenn der Satz nicht beendet ist.

Dezimale Teilungen

Dezimale Teilungen werden beispielsweise bei Währungs- und Maßeinheiten verwendet. Die dezimalen Teilungen werden mit einem
Komma getrennt.

Darstellungsbeispiele:

- *19,95 €*
- *2,50 m*
- *10,9 kg*
- *7,89 t*

Die dezimale Teilung kann bei runden oder glatten Zahlen entfallen.
Die folgenden Beispiele erklären, was damit gemeint ist:

Darstellungsbeispiele:

- *250.000 €*   statt 250.000,00 €
- *10 kg*   statt 10,0 kg
- *7 m*   statt 7,0 m
- *über 30.000 € Bruttoeinkommen*
- *Der Preis beträgt ungefähr 10 €.*

Diktatzeichen

Es gibt keine konkreten Regeln in der DIN 5008 zur Schreibweise des Diktatzeichens in der Korrespondenz.

In den Anwendungsbeispielen der DIN finden sich zwar Briefe mit Diktatzeichen. Von diesen Beispielen dürfen Sie jedoch keine konkreten Empfehlungen ableiten – so die DIN.

Meine Empfehlung für die Schreibweise der Diktatzeichen ist folgende:

Der Verfasser steht immer zuerst. Der oder die „Tippende/r" steht immer an zweiter Stelle.

Darstellungsbeispiele:

- *eh-jb*
- *de-ch*

Die Zeichen der Bearbeiter und der Autoren werden durch einen Bindestrich voneinander getrennt. Gibt es mehrere Autoren, dann werden diese durch einen Schrägstrich voneinander getrennt.

Darstellungsbeispiele:

- *n-ch*
- *cl/eh-ch*

Englische Korrespondenz und die DIN 5008

Für die englische Korrespondenz gelten andere Regeln als für die deutsche. Eine DIN lässt sich deshalb gar nicht auf die englischsprachige oder auch anderssprachige Korrespondenz übertragen.

Datumsschreibweisen, Anreden – alles ist anders.

So genaue Regeln wie wir sie für unsere Briefe kennen, kennen der Engländer und Amerikaner nicht. Es gibt zwar einen generellen Briefaufbau. Doch ob nun nach der Grußformel eine Zeile vor dem Firmennamen steht oder zwei – wird großzügiger gehandhabt.

Das einzige aus der DIN, was relevant für die Korrespondenz mit dem Ausland ist, ist die Empfehlung zur Schreibweise der Adresse. Siehe Seite 36.

Einheiten

In der DIN fallen unter den Begriff „Einheiten" alle Längen- und Gewichtsbezeichnungen.

Schreiben Sie hinter den Zahlenwert und vor die Einheitenbezeichnung immer einen Leerschritt.

Darstellungsbeispiele:

- *100 kg*
- *9 mm*
- *10 m*
- *10 m³*
- *20 mV*
- *1000 W*

Wenn Sie Vorzeichen vor Zahlen setzen müssen, um zum Beispiel Minuswerte auszudrücken, dann werden diese werden unmittelbar, also ohne Leerschritt, vor die entsprechende Zahl gesetzt.

Darstellungsbeispiele:

- *–12 °C*
- *–20 Prozent Umsatz*

Einzüge

Ein noch häufig auftretender Fehler bei der Absatzgestaltung sind die aus Amerika kommenden Einzüge. Dabei wird die erste Zeile eines Absatzes eingerückt, um den Leser mehr in den Text hineinzuziehen. In den Printmedien mag so etwas richtig sein.

In der geschäftlichen Korrespondenz sollten Sie auf solche Einzüge verzichten.

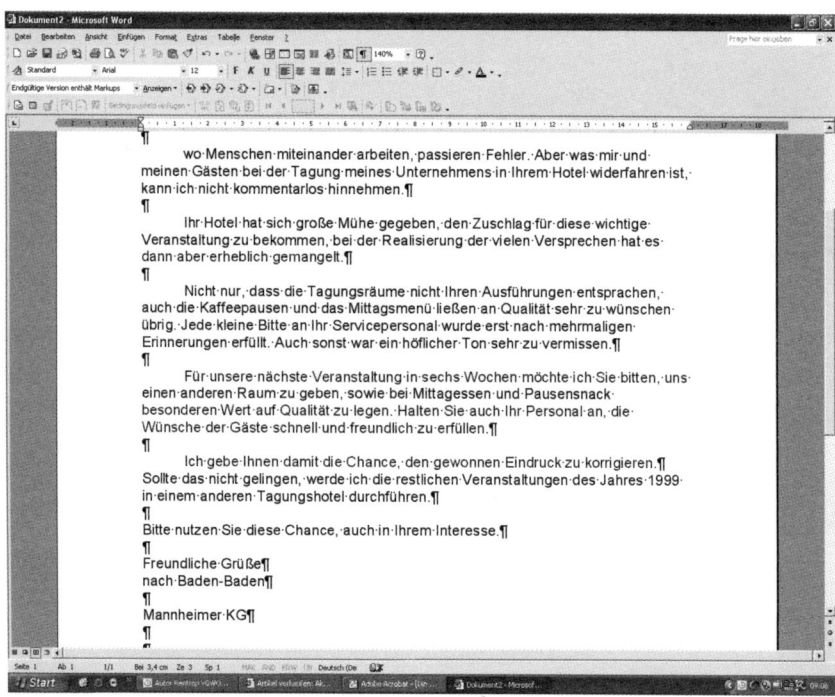

So sollte Ihr Brief nicht aussehen. Verzichten Sie auf Einzüge!

E-Mails

Die DIN 5008 äußert sich auch dazu, was Sie bei der Erstellung Ihrer E-Mails beachten sollten. Allerdings sind die Empfehlungen häufig nicht sehr praxisorientiert. So empfiehlt die DIN beispielsweise die Adresse „eindeutig" zu schreiben. Tja, wenn man das nicht tut, kommt die Mail erst gar nicht an.

Deshalb hier meine Empfehlungen für Sie für eine gelungene E-Mail, angelehnt an die DIN 5008.

1. Schreiben Sie Ihre E-Mail-Adresse
in Ihrer „Papierkorrespondenz" entweder in die Kommunikationszeile oder in den Informationsblock.

2. Zeilenabstand
Verwenden Sie einen einzeiligen Zeilenabstand, wie im Geschäftsbrief.

3. Anrede
Die Anrede ist fester Bestandteil der E-Mail. Schreiben Sie diese, wie im Geschäftsbrief auch, mit einer Leerzeile vom weiteren Text abgesetzt. Bitte keine schnelle Vertraulichkeit wie „Lieber Herr xy", wenn Sie dies im normalen Brief auch nicht schreiben würden.

4. Text
Schreiben Sie Ihre E-Mails im Fließtext ohne Worttrennungen. Abschnitte und Absätze sollten Sie in Ihren E-Mails genauso darstellen, wie in Ihren „normalen Briefen". Verzichten Sie auch hier auf unnötige Textformatierungen oder viele Hervorhebungen.

Beachten Sie bitte:
Verwenden Sie möglichst auch keines der „bunten Briefpapiere", di eOutlook zur Verfügung stellt. Diese wirkrn im geschäftlichen E-Mail-Verkehr unprofessionell.

5. Grußformel
Zu jeder Mail gehört ein Gruß. Ausnahme: Sie mailen mehrmals am Tag mit einer Person hin und her – dann dürfen Sie auf die Förmlichkeiten schon mal verzichten.

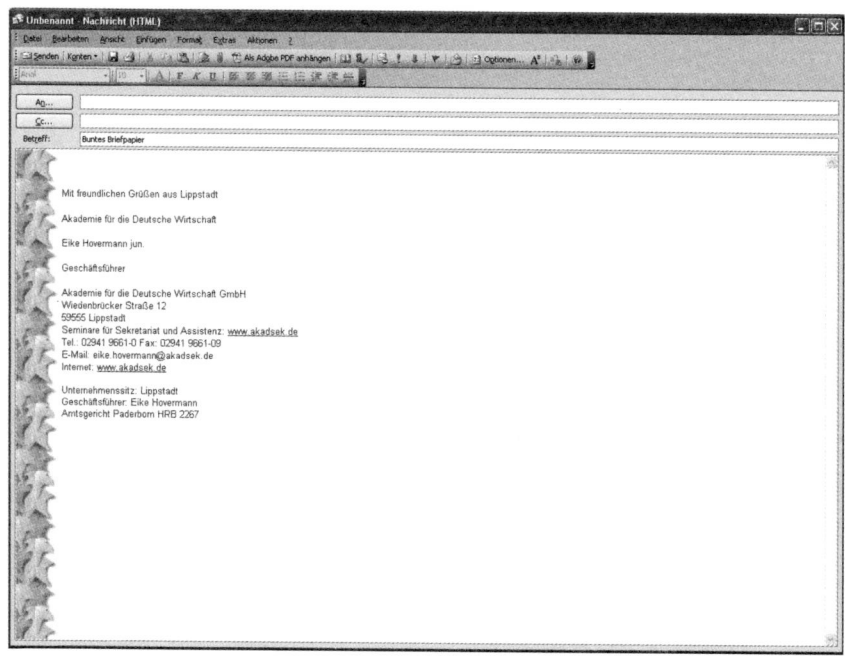

Verwenden Sie kein „buntes Briefpapier"

5. Abschluss

Verwenden Sie in Ihren E-Mails zum Abschluss immer eine „Signatur".

Meine Empfehlung für eine vollständige Signatur sind die folgenden Bestandteile:

- Gruß
- Firmennamen
- Vor- und Zuname der Absenders
- Adresse
- Telefonnummer
- Faxnummer
- E-Mail-Adresse
- Internet-Adresse

Darstellungsbeispiel für eine Signatur:

Freundliche Grüße

Brode GmbH

i. A. Sybille Mertin

Brode GmbH
Farinastraße 33
59555 Lippstadt
Telefon: +49 2941 123456
Fax: +49 2941 123457
E-Mail: s.mertin@brode-gmbh.de
Internet: http://www.brode-gmbh.de
Unternehmenssitz: Lippstadt
Geschäftsführer: Jochen Brode
Amtsgericht Paderborn: HRB 1234

Für geschäftliche E-Mails gelten dieselben Pflichtangaben wie für Geschäftsbriefe

Achten Sie ab sofort auf die gesetzlichen Pflichtangaben in Ihren E-Mails. Denn am 1. Januar 2007 ist eine neue Fassung des Gesetzes über elektronische Handelsregister und Genossenschaftsregister sowie das Unternehmensregister (EHUG) in Kraft getreten. Diese neue Fassung stellt eindeutig klar, dass die Pflichtangaben für Geschäftsbriefe auch in geschäftlichen E-Mails auftauchen müssen.

Diese Pflichtangaben gehören zwingend in Ihre Firmen-E-Mails:
- vollständiger Name (so wie er im Handels- oder Genossenschaftsregister eingetragen ist
- den Rechtsformzusatz (z. B. GmbH, OHG, usw.)
- Sitz der Firma (zum Beispiel Bonn; anzugeben ist immer der satzungsmäßige Hauptsitz)
- Registergericht am Sitz der Firma (zum Beispiel Amtsgericht Bonn)
- Nummer, unter der Ihr Unternehme ins Handelsregister eingetragen ist (zum Beispiel HRB 12345)

■ Ist Ihre Firma oder ein Gesellschafter eine GmbH oder AG, kommen noch Angaben zu den Geschäftsführern beziehungsweise Vorständen und den Aufsichtsratsvorsitzenden hinzu (Vor- und Nachnamen)

■ bei einer Ltd müssen Sie Sitz, Register und Nummer der inländischen und der ausländischen Niederlassung angegeben sowie den Vor- und Zunamen des Directors (Geschäftsführer).

Mit dem neuen EHUG ist nicht wirklich eine Änderung in Kraft getreten. Schon vor seinem Inkrafttreten am 1. Januar 2007 war unter Juristen eigentlich klar, dass die Pflichtangaben auf Geschäftsbriefe jeder Form gehören – ganz egal, ob sie als E-Mail oder in Papierform versendet werden. Nur war das niemandem so bewusst und deshalb hat sich auch niemand daran gestört. Das neue EHUG stellt das nun unmissverständlich klar.

Beachten Sie: Es ist nicht ausreichend, eine elektronische Visitenkarte mitzuschicken, in der alle Angaben enthalten sind. Die Angaben müssen in der E-Mail selbst stehen. Packen Sie sie also am besten in Ihre Signatur.

So könnte die E-Mail-Signatur einer GmbH & Co. KG aussehen:

Weilfinger GmbH & Co. KG
Udener Straße 78–82
55654 Köln

Telefon: 0221 4567-12
Fax: 0221 4567-13
E-Mail: info+weilfinger.com
www.weilfinger.de

Sitz Köln
Amtsgericht Köln HRA 1234

Persönlich haftende Gesellschafterin:
Weilfinger Verwaltungs-GmbH – Sitz Köln
Amtsgericht Köln – HRB 1234
Geschäftsführer: Dr. Roland Zeiger

Euro

Für den Euro können Sie diese beiden Schreibweisen nutzen:

- EUR
- €

Die DIN gibt nur diese beiden Schreibweisen vor. Um Tausender-Zahlen auszudrücken, gibt sie keine Empfehlungen.

Gängige Praxis ist jedoch die Schreibweise 23 TEUR, wenn Sie 23.000 Euro schreiben möchten. Diese Abkürzung ist aber auf gar keinen Fall empfehlenswert. Sie erscheint verwirrend. Schreiben Sie lieber, wenn Sie ausreichend Platz haben, 23.000 Euro.

Exponenten und Indizes

Nutzen Sie die Möglichkeiten Ihrer Textverarbeitung und schreiben Sie Exponenten und Indizes ohne Leerschritte direkt an die Basis.

- 9^2
- $(a - b)^2$
- CO_2
- H_2O

Faxnachrichten – Formalien

Zur Gestaltung von Faxnachrichten finden Sie in der DIN 5008 keine direkten Hinweise. Deshalb an dieser Stelle Antworten auf die häufigsten Fragen und die wichtigsten Empfehlungen zur korrekten Gestaltung von Faxen.

„Vorab per Fax"
Gibt es etwas zu beachten, wenn Sie einen Brief „vorab per Fax verschicken"?

Ja. Laut DIN steht dieser Vermerk in der Anschrift ohne Leerzeile.

Vorab per Fax: 089 3324-789
Frau Sabine Gärtner
Lichtenweg 12
33214 Berlin

Hier meine Empfehlungen für Faxformulare:

- Behalten Sie die DIN 5008-Schreibweise von Datum, Uhrzeit und Zahlen bei. Ein Fax ist auch ein Brief.
- Nicht offizielle Faxnachrichten können per Hand erstellt werden, vorausgesetzt, Sie haben eine leserliche Handschrift.
- Bleiben Sie bei der 12-Punkt-Schrift. Größere Schriften füllen mehr Papier und benötigen eine längere Übertragungszeit.
- Die Abkürzung „MfG" ist auch auf Faxnachrichten unhöflich.
- Obwohl Sie den Empfänger des Faxes im Formularkopf angeben, sollten Sie nicht auf die Anrede wie zum Beispiel „Sehr geehrte Frau Müller" verzichten.
- Wenn Sie aus dem Computer faxen, ergänzen Sie unterhalb Ihres Namens „Computerfax, deshalb nicht unterschrieben." Dieser Zusatz entfällt natürlich, wenn Sie Ihre Unterschrift eingescannt haben.
- Vermeiden Sie aufwändige Logos und Graustufen. Das alles verlängert die Übertragungszeit.

Firmenname

Der Firmenname ist fester Bestandteil des Unterschriftenblocks.

Beispiel

> *Mit freundlichen Grüßen*
>
> *Bertram GmbH*
>
> *Gerd Bertram*

Beachten Sie:

Zum Firmennamen gehört korrekterweise die Angabe der Unternehmensrechtsform, zum Beispiel „GmbH" oder „AG".

Fettschrift

Zu den Hervorhebungen gehört auch die Fettschrift; gehen Sie jedoch, wie auch mit allen anderen Hervorhebungen sparsam mit der Verwendung von Fettschrift um.

Die Fettschrift darf laut DIN verwendet werden, um Textpassagen oder Wörter besonders hervorzuheben.
Erlaubt ist auch, die Betreffzeile durch Fettschrift hervorzuheben.

Achten Sie darauf, dass der Fettdruck das Satzzeichen mit einschließt, das sich unmittelbar an den fett geschriebenen Text anschließt.

Darstellungsbeispiel:

Jetzt neu: **Die aktuellen Erläuterungen zur DIN 5008!**

Fußnoten

„Eigentlich" müsste eine DIN sich gar nicht zur Gestaltung von Fußnoten äußern. Denn Ihre Textverarbeitung managt das alles automatisch.

Deshalb erhalten Sie die Erläuterungen der Vollständigkeit halber oder aber auch, wenn Sie mit einer Schreibmaschine arbeiten.

1. Die Fußnoten-Hinweiszeichen sind arabische hochgestellte Ziffer – also unsere ganz normalen Zahlen.

   Haben Sie dieses Buch[1] schon gelesen?

2. Fußnoten werden fortlaufend durchnummeriert. Nummerieren Sie also nicht seitenweise durch.

3. Der Fußnotentext steht am Ende der Seite, auf der sich das dazugehörige Fußnotenzeichen befindet. Aber auch das regelt Ihre Textverarbeitung automatisch.

Fußnoten mit der Schreibmaschine eingeben

Sollten Sie mit der Schreibmaschine arbeiten, benötigen Sie den Grundstrich für den Fußnotenstrich. Drücken Sie die Taste insgesamt zehn Mal.

Der Fußnotentext wird wie ein Absatz mit mindestens einer Leerzeile vom Text abgesetzt. Vor dem Fußnotentext steht das Fußnoten-Hinweiszeichen, zum Beispiel 1. Wenn Sie mit der Schreibmaschine arbeiten, brauchen Sie dieses Zeichen nicht hoch zu setzen.

Die lokale Presse[1] äußert sich dazu selten bis gar nicht.

1 Der Patriot, Lippstadt

Wenn Ihr Text bis zu drei Fußnoten enthält, dürfen Sie auch Sonderzeichen wie zum Beispiel Sternchen verwenden.

Gedankenstrich

Der Gedankenstrich ist ein längerer Bindestrich. Dieses ist eines der Zeichen, das Sie nicht auf Ihrer Tastatur haben. Sie müssen den Gedankenstrich über die Sonderzeichenfunktion erzeugen.

Wenn Sie den Gedankenstrich anwenden wollen, dann lassen Sie je einen Leerschritt vor und nach dem Gedankenstrich Platz. Satzzeichen jedoch, wie zum Beispiel ein Komma, folgen dem zweiten Gedankenstrich ohne Leerschritt.

Darstellungsbeispiel:

Ich bin sicher – sogar sehr sicher –, dass meine Briefe immer nach DIN geschrieben sind.

Geldbeträge

Kein „MUSS" aber meine Empfehlung bei Geldbeträgen: Gliedern Sie Geldbeträge vor dem Komma aus Sicherheitsgründen mit Punkten.

Darstellungsbeispiele:

> *455.666.123,99 EUR*
> *1.499,99 €*

Über die folgende Darstellung findet sich in der DIN 5008 kein Hinweis. Gerade auf Schecks wird die Darstellung von Geldbeträgen gerne mit Strichen links und rechts der Zahlen verlängert, damit eine Manipulation durch hinzufügen weiterer Zahlen ausgeschlossen ist.

So sind die Zahlen vor Manipulationen sicher

Meine Empfehlung ist: Auch wenn Sie in der DIN darüber keinen Hinweis finden, schützen Sie Ihre Schecks durch die Striche vor Manipulationsversuchen.

Gleichheitszeichen

Wenn Sie beispielsweise bei Rechnungen Gleichheitszeichen „=" schreiben möchten, dann wird dieses immer mit einem Abstand von einem Leerschritt zur nächsten Zahl geschrieben und mit dem Doppelstrich erzeugt.

Darstellungsbeispiel:

$3 + 9 = 12$

Größenangaben und Formeln

Bei Größenangaben, Formeln, Maßeinheiten usw. orientiert sich die aktuelle DIN 5008 vollständig an den gesetzlichen Vorschriften, anderen DIN-Normen und den Empfehlungen des Dudens.

Schauen Sie dazu in den speziellen Kapiteln nach

Dezimale Teilungen   Seite 60
Mathematische Formeln   Seite 90
Rechenzeichen   Seite 102.

Grußformel

Die DIN 5008 äußert sich nur zur formalen Gestaltung der Grußformel. Nach der DIN wird die Grußformel mit einer Leerzeile zum Brieftext abgesetzt wird.

Anwendungsbeispiel:

> *Lorem ipsum dolor sit amet, consectetuer adipiscing elit, sed diam nonummy nibh euismod tincidunt ut laoreet dolore magna veniam, quis nostrud exerci tation ullamcorper suscipit lobortis nisl ut aliquip ex ea commodo consequat. Duis autem vel eum iriure dolor in hendrerit in vulputate velit esse molestie consequat, il dolore eu feugiat nulla facilisis at vero et accumsan et iusto odio dignissim*
>
> *Mit freundlichen Grüßen*

Da sich die DIN nicht zu inhaltlichen Fragen rund um die Grußformel auslässt, hier ein paar Empfehlungen mit denen Sie das übliche „Mit freundlichen Grüßen" abwandeln können.

Versuchen Sie doch einmal die folgenden Grußformeln:

- Mit freundlichen Grüßen aus Lippstadt
- Freundliche Grüße nach Soest
- Freundliche Grüße aus dem sonnigen München
- Mit den besten Wünschen für ein schöne Woche
- Herzliche Grüße
- Es grüßt Sie

Firmenname

Soll nach der Grußformel noch der Firmenname oder die Bezeichnung der Behörde genannt werden (was laut DIN nicht erforderlich
aber ansonsten absolut empfehlenswert ist), lassen Sie eine Leerzeile
Abstand zum Gruß. Der Name der Behörde oder Firma wird nicht
besonders hervorgehoben.

Unterschrift

Laut DIN können Sie für die Unterschrift so viele Leerzeilen schaf-
fen, wie Sie benötigen. Drei bis fünf Leerzeilen haben sich jedoch in
der Praxis als praktikabel und völlig ausreichend erwiesen.

Wiederholung des Namens?

Eine maschinenschriftliche Wiederholung des Namens unterhalb der
Unterschrift mit ausgeschriebenem Vor- und Nachnamen des Unter-
zeichners ist keine Vorschrift der DIN. Es ist aber immer eine hilfrei-
che Sache - insbesondere bei sehr unleserlichen Unterschriften. Verzichten Sie darauf, die maschinenschriftliche Wiederholung des
Namens in Klammern zu setzen. Auch wenn diese Schreibweise in
letzter Zeit häufiger gesichtet wurde.

Mit freundlichen Grüßen aus dem Badischen
•
Werner Training
•
•   *Lars Werner*

Grußformel mit Erweiterung

Bei den Erweiterungen im Namensfeld gibt die DIN keine konkreten Erläuterungen. Sie finden hier nur die Beispiele in den Musterbriefen. Die drei Leerzeilen vor der maschinenschriftlichen Wiederholung des Namens werden in den Beispielen beibehalten.

Anwendungsbeispiele:

Werner Training
•

ppa. Lars Werner
•
Anlage

Mit freundlichen Grüßen
•
Akademie für die Deutsche Wirtschaft GmbH
•

•
Selma Hiegemann   *i. V. Erika Berger*
•

Meine Empfehlung lautet, dass Sie Ihre Unterschriftsvollmacht, zum Beispiel „ppa." oder „i. A.", ebenfalls mit der Hand vor Ihre Unterschrift setzen. Denn nach § 51 HGB hat der Prokurist in der Weise zu zeichnen, dass er der Firma seinen Namen mit einem die Prokura andeutenden Zusatz beifügt. In der Praxis heißt das, dass der Prokurist sein „ppa." mit der Hand schreibt. Diese Regelung lässt sich auf die anderen Unterschriftsvollmachten übertragen.

Die DIN gibt dazu keine passenden Beispiele – ganz im Gegenteil. Sie berücksichtigt den § 51 HGB gar nicht.

Meine Empfehlung für die Gestaltung des Unterschriftenblocks sieht so aus:

Mit freundlichen Grüßen

-
Akademie für die Deutsche Wirtschaft

-

ppa. Jochen Brode   i. V. Farina Leonhard

-

-
Anlage

Handschriftliches

Wann Sie einen Brief per Hand schreiben dürfen, ist zum Glück noch nicht in der DIN 5008 geregelt.

Meine Empfehlung ist, dass Handschriftliches, bis auf die Unterschrift, in Geschäftsbriefen in der Regel nicht angemessen ist.

Für Sie bedeutet das: Vermeiden Sie auf jeden Fall handschriftliche Nachbesserungen wie zum Beispiel das Einsetzen eines Kommas oder Ähnlichem. Beheben Sie solche Fehler lieber sofort in Ihrer Textverarbeitung, und drucken Sie den Brief noch einmal aus.

Beachten Sie aber die folgenden Ausnahmen:

■ Bei einem Kondolenzbrief ist ein handgeschriebener Brief immer besser und persönlicher als ein Computer-geschriebener. Sollten Sie jedoch über eine nicht ganz so tolle Handschrift verfügen oder ist Ihnen die handschriftliche Form zu aufwändig, dann sollten Sie auf jeden Fall die Anrede mit der Hand schreiben.

■ Natürlich können Sie Ihre Briefe, wie Einladungen oder Gratulationen, an einen guten Geschäftsfreund oder Mitarbeiter, mit der Hand schreiben. Das lässt Ihren Brief sehr viel persönlicher wirken.

Hausnummern

Siehe Seite: ZAHLEN.

Herr oder Herrn?

Bekommen Sie auch schon einmal Briefe, in denen im Anschriftenfeld mal Herr oder Herrn steht? Haben Sie sich auch schon gefragt, was eigentlich richtig ist?

Meine Empfehlung dazu ist: Die Anschrift „Herrn" resultiert aus der nicht mehr aktuellen Anschriftenregelung „An Herrn". Dabei handelt es sich um einen Akkusativ (Wen-Fall). Da es sich um einen Akkusativ handelt, ist die Schreibweise „Herrn" jedoch noch immer aktuell und die einzig korrekte.

Also:

Falsch:

Herr
Dominik Schulte

Richtig:

Herrn
Dominik Schulte

Hervorhebungen

Unter Hervorhebungen versteht man die Markierung von Textteilen zum Beispiel durch:

- **Fettdruck**
- Zentrieren
- Unterstreichen
- „Anführungszeichen"
- *Kursivschrift*
- Einrücken
- S p e r r e n
- Wechsel der Schriftart
- VERSALIEN
- Wechsel der Schriftgröße

Achten Sie bei Hervorhebungen darauf, dass die Satzzeichen innerhalb und am Ende der Hervorhebung mit einbezogen werden.

Anwendungsbeispiel:

Der Porsche 912 ist ein wirklich schöner Oldtimer!

Der **„Porsche 912"** ist ein wirklich schöner Oldtimer!

Hochgestellte Zeichen, allein stehend

Hochgestellte, allein stehende Zeichen finden beispielsweise Verwendung für die Darstellung von Winkel- und Gradangaben.

Die jeweiligen Zeichen, zum Beispiel „°", werden ohne Leerschritt direkt an die Zahl geschrieben.

Das Fahrzeug drehte sich um 180°.
19" Monitor – hierbei handelt es sich um das Zeichen für Zoll

Informationsblock

Laut DIN 5008 beginnt der Informationsblock in Höhe der ersten Zeile des Anschriftenfelds auf Grad 50 beziehungsweise 125,7 mm vom linken Blattrand entfernt.

Nach DIN 5008 ist die Reihenfolge, in der Sie die verschiedenen Informationen aufführen sollen die folgende:

- Ihr Zeichen:
- Ihre Nachricht vom:
- Unser Zeichen:
- Unsere Nachricht vom:

- Name:
- Zimmer:
- Telefon:
- Mobil:
- Telefax:
- E-Mail:

- Datum:

Natürlich können Sie statt „Name" auch „Ihr Gesprächspartner" oder „Ihre Gesprächspartnerin" schreiben. Der gesamte Informationsblock mag Ihnen sehr groß vorkommen. Es ist nicht erforderlich, alle Angaben zu machen. Sie können natürlich zwischendurch einige Zeilen weglassen; wenn Sie auf diese Informationen verzichten möchten. Die nachfolgenden Zeilen rutschen dann jeweils eine Zeile höher.

Beachten Sie:

Die DIN macht keine Angabe dazu, wo Sie die Internetadresse platzieren. Der ideale Ort ist nach der Faxzeile und vor der E-Mail-Adresse.

Inhaltsverzeichnisse

Der Aufbau von Inhaltsverzeichnissen ist in der DIN geregelt. Diese werden mit Abschnittsnummern gegliedert. Hervorzuheben ist, dass am Ende einer Abschnittsnummer kein Punkt steht. Beginnen Sie mit dem eigentlichen Text immer mindestens zwei Leerschritte von der höchsten Abschnittsnummer entfernt.

Alle Abschnittsnummern beginnen laut DIN immer in derselben Fluchtlinie. Der entsprechende Text bildet zusammen mit möglichen Überschriften eine zweite Fluchtlinie.

Meine Empfehlung für Sie:

Arbeiten Sie in Ihrer Textverarbeitung unbedingt mit Tabulatoren oder dem Gliederungsmodus. Das erleichtert Ihnen die Arbeit ungemein, und Sie können sich ganz auf den Inhalt statt auf die „Formatiererei" konzentrieren.

Anwendungsbeispiel:

Inhalt

1	Rennvorbereitung
1.1	Vorüberlegungen – Grundsätzliches
1.2	Rennziel
1.3	Termin
1.4	Wettkampfort
1.5	Teilnehmer
2	Wettkampfdurchführung
2.1	Start
2.2	Rennüberwachung
2.3	Die Betreuung der Boxen während des Rennens
3	Wettkampfnachbereitung
3.1	Reinigung der Rennstrecke
3.2	Urkundenversendung

Klammern

Auf Ihrer Tastatur finden Sie drei verschiedene Arten von Klammern.

- ( )
- [ ]
- < >

Für alle Klammerformen finden Sie auch eindeutige Regelungen in der DIN 5008. Was Sie in der DIN jedoch nicht finden ist, wann welche Klammer benutzt werden soll.

Schreiben Sie die Klammern ohne Leerschritt vor und hinter den jeweiligen Textteil oder Wort, das eingeklammert werden soll.

Meine Empfehlung ist, dass Sie innerhalb eines Textes nur eine Art von Klammern verwenden.

Zur Verwendung von Klammern innerhalb einer Klammer sagt die DIN nichts.

Anwendungsbeispiele:

- *Frau Farina Leonhard [geborene Denker] hat gestern Geburtstag gefeiert.*

- *Zum Löschen drücken Sie die Taste <Entf> oder zum Abbruch die Taste <Esc>.*

- *Die Mitgliedsgebühr (60 €) wird zum 15. September 2006 auf 70 Euro erhöht.*

Ausnahme:

Wenn Sie innerhalb eines Wortes etwas einklammern, fügt sich die Klammer ohne Leerschritte in das Wort ein.

- *Essig(wein)flasche*

Kurzbrief-Formulare

Kurzbrief-Formulare sollen Zeit sparen und Sie Ihre Korrespondenz möglichst schnell erledigen lassen.

Wie Sie am Beispiel unten sehen, können Sie das Formular im Grunde genommen nur mit der Hand ausfüllen. Ob das wirklich Zeit spart? In der Regel sind Adressen im PC gespeichert und müssen nur kopiert werden. Eine Adresse neu zu schreiben, kostet vermutlich mehr Zeit.

Außerdem: Wenn Sie nicht über eine saubere Schrift verfügen, wirkt das mit der Hand beschriebene Kurzbriefformular schnell unprofessionell.

Meine Empfehlung: Verwenden Sie es nur im Notfall, wenn´s nicht viel zu sagen gibt und Sie den Korrespondenzpartner sehr gut kennen. Es ist nicht für Neukontakte geeignet.

Ein typisches Kurzbriefformular

Mathematische Formeln

Die Empfehlung der DIN 5008 lautet: Bauen Sie mathematische Formeln von der Schriftgrundlinie her auf.

Weitergehende Hinweise für die Schreibweise von Formeln gibt es in der DIN nicht.

Meine Empfehlung:

Wenn Sie häufiger mathematischen Formeln zu tun haben, dann empfehle ich Ihnen die Anschaffung einer speziellen Software. Alles andere ist kompliziert und zeitintensiv.

Musterbriefbögen

Die DIN 676 unterscheidet zwei Formblätter für die Gestaltung von Briefbögen. Für Sie ist es wichtig zu wissen, an welchem Formblatt sich Ihr Geschäftspapier orientiert, damit Sie die in der DIN 5008 jeweils empfohlenen Zeilenanfänge und Zeilenenden berücksichtigen können.

Zeilenpositionen nach DIN 676, Formblatt A

Zeilenbezeichnung	Zeilenanfang in mm von der oberen Blattkante	Zeilenanfang auf Zeile	
Erste Absenderzeile bei Briefblättern ohne Aufdruck	16,9	5	
Erste Anschriftenzeile	33,9	9	
Erste Zeile des Informationsblocks	33,9	9	
Leitwörter Kommunikationszeile	63,5	16	
Leitwörter Bezugszeichenzeile	80,4	20	
Betreff	97,4	24	

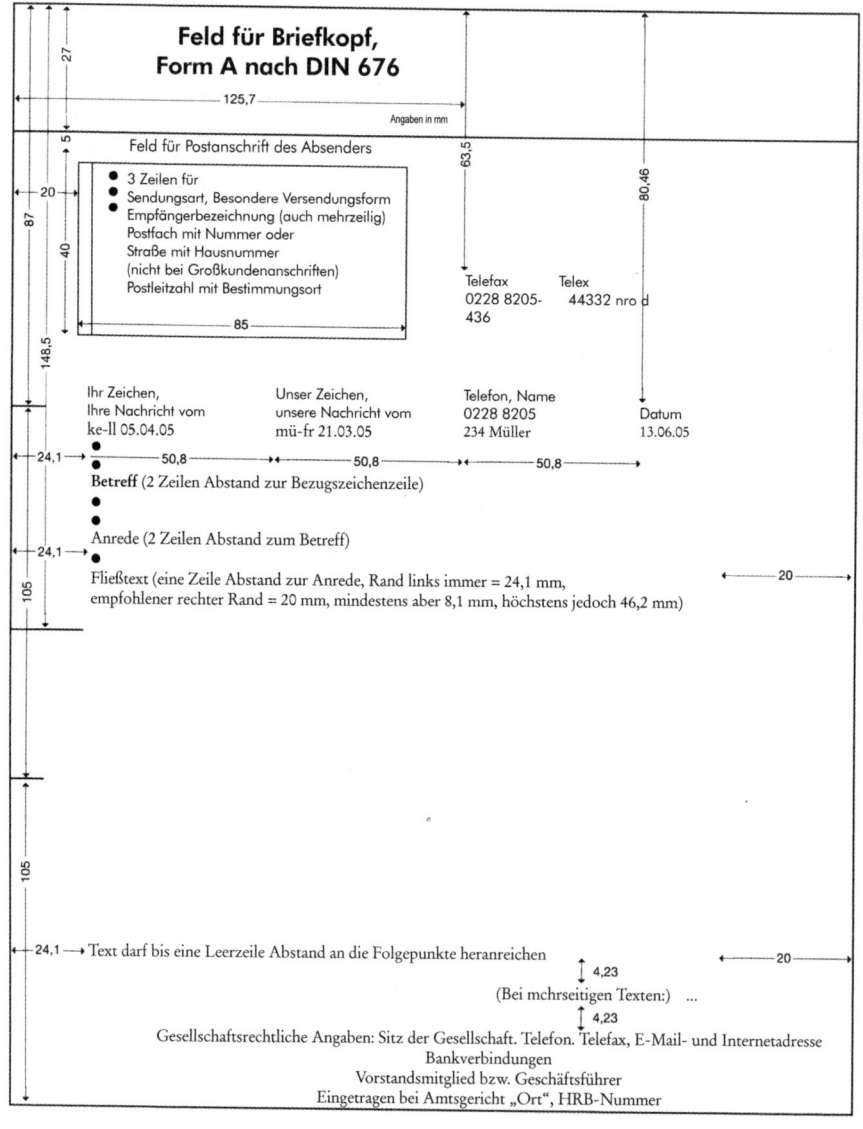

**Feld für Briefkopf,
Form A nach DIN 676**

125,7

Angaben in mm

27

Feld für Postanschrift des Absenders

63,5

80,46

- 3 Zeilen für
- Sendungsart, Besondere Versendungsform
- Empfängerbezeichnung (auch mehrzeilig)
  Postfach mit Nummer oder
  Straße mit Hausnummer
  (nicht bei Großkundenanschriften)
  Postleitzahl mit Bestimmungsort

85

20
87
40
148,5
5

Telefax   Telex
0228 8205-   44332 nro d
436

Ihr Zeichen,	Unser Zeichen,	Telefon, Name	
Ihre Nachricht vom	unsere Nachricht vom	0228 8205	Datum
ke-ll 05.04.05	mü-fr 21.03.05	234 Müller	13.06.05

24,1

50,8   50,8   50,8

- Betreff (2 Zeilen Abstand zur Bezugszeichenzeile)

24,1

Anrede (2 Zeilen Abstand zum Betreff)

Fließtext (eine Zeile Abstand zur Anrede, Rand links immer = 24,1 mm,
empfohlener rechter Rand = 20 mm, mindestens aber 8,1 mm, höchstens jedoch 46,2 mm)

20

105

105

24,1 Text darf bis eine Leerzeile Abstand an die Folgepunkte heranreichen

20

4,23

(Bei mehrseitigen Texten:)   ...

4,23

Gesellschaftsrechtliche Angaben: Sitz der Gesellschaft. Telefon. Telefax, E-Mail- und Internetadresse
Bankverbindungen
Vorstandsmitglied bzw. Geschäftsführer
Eingetragen bei Amtsgericht „Ort", HRB-Nummer

Zeilenpositionen nach DIN 676, Formblatt B

Zeilenbezeichnung	Zeilenanfang in mm von der oberen Blattkante	Zeilenanfang auf Zeile	
Erste Absenderzeile	16,9	5	
Erste Anschriftenzeile	50,8	13	
Erste Zeile des Informationsblocks	50,8	13	
Leitwörter Kommunikationszeile	80,4	20	
Leitwörter Bezugszeichenzeile	97,4	24	
Betreff	114,3	28	

So genau kommt es der DIN dann auch wieder nicht drauf an:

Wenn Sie die Briefe mit einem Textverarbeitungsprogramm erstellen, wovon man in den meisten Fällen wohl ausgehen kann, können die Werte gerundet werden.

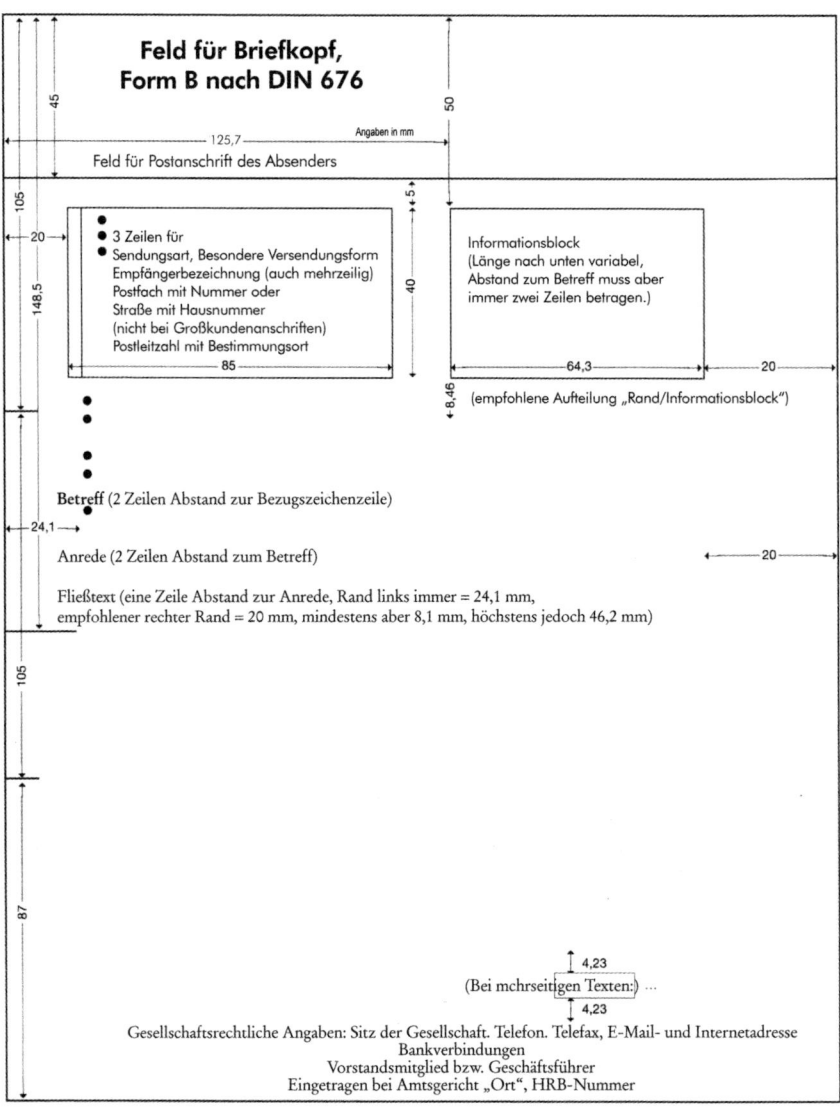

**Feld für Briefkopf,
Form B nach DIN 676**

45
50

────── 125,7 ──────   Angaben in mm

Feld für Postanschrift des Absenders

105
148,5

20 →

- 3 Zeilen für
- Sendungsart, Besondere Versendungsform
  Empfängerbezeichnung (auch mehrzeilig)
  Postfach mit Nummer oder
  Straße mit Hausnummer
  (nicht bei Großkundenanschriften)
  Postleitzahl mit Bestimmungsort

←──────── 85 ────────→

5
40

Informationsblock
(Länge nach unten variabel,
Abstand zum Betreff muss aber
immer zwei Zeilen betragen.)

←──────── 64,3 ────────→ ←── 20 ──→

8,46

(empfohlene Aufteilung „Rand/Informationsblock")

Betreff (2 Zeilen Abstand zur Bezugszeichenzeile)

24,1 →

Anrede (2 Zeilen Abstand zum Betreff)   ←──── 20 ────→

Fließtext (eine Zeile Abstand zur Anrede, Rand links immer = 24,1 mm,
empfohlener rechter Rand = 20 mm, mindestens aber 8,1 mm, höchstens jedoch 46,2 mm)

105

87

4,23

(Bei mehrseitigen Texten:) …

4,23

Gesellschaftsrechtliche Angaben: Sitz der Gesellschaft. Telefon. Telefax, E-Mail- und Internetadresse
Bankverbindungen
Vorstandsmitglied bzw. Geschäftsführer
Eingetragen bei Amtsgericht „Ort", HRB-Nummer

Nichtdezimale Teilungen

Nichtdezimale Teilungen werden mit einem Doppelpunkt geschrieben. Wenn Sie also zum Beispiel eine Uhrzeitangabe in Ihrer Korrespondenz machen möchten dann sieht das so aus:

- 10:30 Uhr

- 01:25 Uhr

- 16:15:30 Uhr

Ortsteilnamen in Inlandsanschriften

„Eigentlich" müsste ein Ortsteilname in einer Anschrift nicht mehr erwähnt werden. Denn schließlich wurde das Postleitzahlsystem vor Jahren so überarbeitet, dass es die Angabe der Ortsteilnamen überflüssig macht.

Sollten Sie die Angabe dennoch machen wollen, steht der Ortsteilname vor der Straße.

Zeile 1:	
Zeile 2:	
Zeile 3:	
Zeile 4:	Herrn
Zeile 5:	Peter Meier
Zeile 6:	Hörste
Zeile 7:	Stirper Straße 14
Zeile 8:	59557 Lippstadt
Zeile 9:	

Für andere Regelungen: siehe Anschriften

Persönlich

Einige Briefe sollen nur vom Empfänger geöffnet werden, da ihr Inhalt vertraulich ist. Das wird dann schwierig, wenn Sie Post an einen Mitarbeiter eines Unternehmens verschicken. Denn im Unternehmen besteht die Möglichkeit, dass jemand anderes den Brief öffnet.

Um das zu verhindern, sollten Sie folgendes wissen:
In vielen Unternehmen herrscht der Irrglaube, dass ein Brief dann persönlich an eine Person gerichtet ist, wenn die Person im Anschreiben zuerst genannt ist.

Darstellungsbeispiel

> *Herrn*
> *Klaus Gärtner*
> *Richter GmbH*

Diese Anschrift bedeutet nicht, dass der Brief persönlich an Herrn Gärtner gerichtet ist

Briefe, die so adressiert sind, dürfen im Unternehmen geöffnet werden. Dazu gibt es ein Urteil des Landesarbeitsgerichts Hamm:
Eine Postsendung, die im Empfängerfeld mit dem Namen des Unternehmens und dem Namen des Mitarbeiters gekennzeichnet ist, darf vom Arbeitgeber geöffnet werden. Nur in dem Fall, in dem das Empfängerfeld daneben noch den Zusatz „persönlich" oder „vertraulich" enthält, muss der Arbeitgeber den Brief geschlossen weiterreichen.

Öffnen von privater Post ist strafbar
Aber: Öffnet der Arbeitgeber einen mit vertraulich oder persönlich gekennzeichneten Brief, macht er sich nach § 202 Strafgesetzbuch (StGB) sogar wegen einer Verletzung des Briefgeheimnisses strafbar. LAG Hamm, Urteil vom 19.02.2003, Aktenzeichen: 14 Sa 1972/02.

So stellen Sie sicher, dass nur der Empfänger den Brief liest
Um also sicher zu stellen, dass nur die im Anschriftenfeld genannte Person den Brief liest, sollte die Anschrift so aussehen:

> *Persönlich*
> *Herrn*
> *Klaus Gärtner*
> *Richter GmbH*

Dieser Brief darf nur von Herrn Gärtner geöffnet werden

Pflichtangaben im Geschäftsbrief

Ihr Geschäftsbrief muss bestimmte Angaben enthalten. Denn: Verstöße können teuer werden. Verstoßen Sie oder Ihr Unternehmen dagegen, können Buß- und Zwangsgelder bis zu 5.000 € erlassen werden.

Die Pflichtangaben gelten jedoch nur für Geschäftsbriefe, also den gesamten geschäftlichen Schriftverkehr mit Partnern und Kunden:

■ Angebote,
■ Auftragsbestätigungen,
■ Rechnungen
■ Mahnungen,
■ Quittungen
■ Empfangsbestätigungen.

Die Übermittlungsform des Geschäftsbriefes ist dabei egal. Ob der Geschäftsbrief per Post, Fax oder E-Mail übermittelt wird. Achten Sie darauf, dass alle vorgeschriebenen Angaben enthalten sind.

Die Schnellübersicht: Das gehört zwingend auf Ihren Geschäftsbrief

	Kleingewerbetreibender	Freiberufler	Gesellschaft bürgerlichen Rechts	Partnerschaftsgesellschaft
Bürgerlicher Name	Nachname + 1 Vorname	Nachname + 1 Vorname	alle Nachnamen + 1 Vorname oder 1 Vorname 2 Nachnamen + „& Co."	Nachname von mind. 1 Partner + Zusatz „& Partner" bzw. „Partnerschaft" + Berufsbezeichnungen aller Partner
Beispiel:	Sonnenstudio Jeanette Sommer	Dorothee Gelenk, Physiotherapeutin	Spedition Luger Willmes & Co. GbR	Kanzlei Kohlhage & Partner, Rechtsanwälte

Ins Handelsregister eingetragene Unternehmen:

Gilt für alle Firmen	Angaben
e. K. OHG, KG GmbH & Co. KG GmbH & Co. OHG GmbH AG	Vollständige Firma mit Rechtsform (wie im Handelsregister eingetragen)
	möglicher Zusatz: Geschäftsbezeichnung, Inhaber
	Sitz der Firma
	Registergericht
	Handelsregister-Nummer

Gilt nur für	Weitere Pflichtangaben
GmbH & Co. KG GmbH & Co. OHG	Haftender Gesellschafter ist eine GmbH => GmbH-Pflichtangaben
GmbH	alle Geschäftsführer + gegebenenfalls Vorsitzender des Aufsichtsrats, jeweils mit Vor- und Nachnamen
AG	alle Vorstandsmitglieder + Vorstandsvorsitzender

Prozent- und Promillezeichen

Das Zeichen für Prozent ist %.
Das Zeichen für Promille ist ‰.

Schreiben Sie zwischen der Zahl und dem Prozentzeichen immer einen Leerschritt.

Darstellungsbeispiele:

■ Sie erhalten 3 % Skonto.

■ Sie erhalten eine Provision von 3 ‰ auf den Verkaufspreis.

In den folgenden Beispielen steht zwischen der Zahl und dem Prozentzeichen kein Leerschritt

■ Das stimme ich dir 100%ig zu.

■ Eine 2%ige Erhöhung.

PS

Oft sieht man dieses Kürzel am Briefende. PS steht für Postskriptum und wurde bei handgeschriebenen Briefen und auch noch zu „Schreibmaschinenzeiten" dazu benutzt, Vergessenes am Briefende zu ergänzen.

Eigentlich ist durch jede Textverarbeitung das Postskriptum überflüssig geworden.

Aber eben nur „eigentlich". Denn als rhetorisches Mittel können Sie das „PS" gut verwenden, um zum Beispiel auf einen wichtigen Termin oder ein gutes Angebot aufmerksam zu machen:

PS: Alle Geschenkartikel werden jetzt reduziert. Auf alle Teile 25 Prozent Rabatt.

Für die korrekte Positionierung des „PS" gibt es keine Regel in der DIN. Meine Empfehlung: Setzen Sie es mit einer Leerzeile Abstand zur maschinenschriftlichen Wiederholung Ihres Namens.

Darstellungsbeispiel:

Freundliche Grüße

Möbel Reiter

i. A. Sabine Salzmuth

PS: Alles muss raus! Auf alle Küchen ab sofort 50 Prozent Rabatt.

Achtung: Korrekt ist diese Schreibweise: „PS". Leider sieht man ab und zu diese falsche Version: „P.S."!

Meine Empfehlung: Auch wenn das „PS" im Computerzeitalter überflüssig erscheint, verwenden Sie es, um die Empfänger Ihrer Briefe auf Besonderheiten aufmerksam zu machen. Denn das „PS" wird immer gelesen.

Rechenzeichen

Wenn Sie Rechenzeichen in Ihrer Korrespondenz und Rechnungen verwenden, dann schreiben Sie dieses mit je einem Leerschritt vor und hinter dem jeweiligen Rechenzeichen.

Darstellungsbeispiele:

- *3 + 3 = 6*
- *100 - 10 = 90*
- *3 x 3 = 9*
- *20 : 4 = 5*
- *4 . 4 = 16*

Bei dem letzten Beispiel handelt es sich nicht um einen Irrtum: Diesen „Mal-Punkt" können Sie tatsächlich mit dem normalen Punkt auf Ihrer Tastatur darstellen. Er befindet sich auf der Grundlinie.

Das „x" als Multiplikationszeichen soll laut DIN für Flächenformate und räumliche Abmessungen verwendet werden. Verstehen wird das folgende Beispiel 4 x 4 = 16 trotzdem jeder.

Sie können nach der neuen DIN auch mithilfe Ihrer Textverarbeitung den Multiplikationspunkt jederzeit hochstellen oder ein mittiges Sonderzeichen zu verwenden. Dies ist eindeutiger und führt nicht zu Verwirrungen.

Hier ein Beispiel mit Sonderzeichen: 4 · 4 = 16

Satzzeichen und andere Zeichen

Die folgenden Satzzeichen werden immer ohne Leerschritt nach dem vorangehenden Wort verwendet:

- Punkt
- Doppelpunkt
- Komma
- Fragezeichen
- Semikolon
- Ausrufezeichen

- Mir geht es gut.

- Ich hoffe, es geht dir gut.

- Wie ist das passiert?

- Das ist ja furchtbar!

Schrägstrich

Wenn Sie einen Schrägstrich verwenden möchten, dann tun Sie dies ohne Leerschritte vor oder hinter dem Schrägstrich.

Darstellungsbeispiele

■ Er fuhr mit 130 km/h durch den Ort.

■ Zum Jahreswechsel 2005/2006 ist eine besonders schöne Feier geplant.

Schriftarten, -größen, farben und -stile

Schriftart

Die DIN 5008 trifft zur Schriftart sinngemäß die folgende Aussage: „Vermeiden Sie ausgefallene Schriftarten."

Mein Tipp ist hier, immer eine gut leserliche Schriftart, wie zum Beispiel Times New Roman, zu verwenden.

Schriftgröße

Die offizielle DIN-Empfehlung lautet: Verwenden Sie keine zu kleine Schriftgröße (unter 10 Punkt).

Meine Empfehlung: Verwenden Sie eine 12-Punkt-Schriftgröße.

Sollte allerdings der Fall eintreten, dass sich Ihr Briefbogen füllt und Sie möglicherweise nur wegen der Grußformel eine zweite Seite beginnen müssten, dann können Sie ausnahmsweise für den gesamten Text eine 11-Punkt-Schrift verwenden. Eine kleinere Schrift sollten Sie aber auf keinen Fall verwenden. Nutzen Sie dann eher eine zweite Seite.

Finger weg von großen Schriften

Verzichten Sie auch bei kürzeren Texten darauf, auf 13- oder 14-Punkt-Schrift umzusteigen. Es gibt keinen Grund, einen Text künstlich aufzublähen.

Ausnahmen sollten Sie hier nur machen, wenn die Gestaltung besonders im Vordergrund steht. Wenn Sie also Einladungskarten oder ausgefallene Texte schreiben, dürfen Sie größere Schriftgrößen verwenden.

Schriftfarben

In Zeiten moderner Farblaserdrucker und deren Möglichkeiten ist man schon mal versucht, diese Möglichkeiten auch in der Korrespondenz einzusetzen. Die DIN 5008 macht selbst keine Angaben zum Einsatz von verschiedenen Schriftfarben.

Meine Empfehlung ist hier: In der Geschäftskorrespondenz hat Farbe nichts zu suchen. Ausnahme sind Werbeschreiben, in denen Sie Farbe vorsichtig einsetzen können. Verwenden Sie für den Text bitte nur eine zusätzliche Farbe, also zum Beispiel schwarz und blau.

Seitennummerierung

Ihr Brief umfasst mehrere Seiten? Dann beachten Sie folgendes:

Bereits auf der ersten Seite weisen Sie mit drei Punkten auf die folgende Seite hin: Die drei Punkte stehen am Fuß des Brieftextes mit einem Abstand von mindestens einer Leerzeile zum Brieftext.

Beispiel für die Seite 1:

> *Lorem ipsum dolor sit amet, consectetuer adipiscing elit, sed diam nonummy nibh euismod tincidunt ut laoreet dolore magna veniam. Duis autem vel eum iriure dolor in hendrerit in vulputate velit esse molestie consequat, il dolore eu feugiat nulla facilisis at vero et accumsan et iusto odio dignissim*
>
> ...

Die folgenden Seiten werden nummeriert. Beginnen Sie auf der zweiten Seite fortlaufend zu nummerieren. Die Nummerierung steht oben, mittig.

Die Seitennummerierung soll laut DIN 5008 so aussehen:

– 2 –

Wenn die Seitennummerierung nicht so eng an den oberen Rand gesetzt werden kann, weil zum Beispiel ein Logo im Weg ist, dann setzen Sie sie mit einer Leerzeile zum Logo ab. Auf jeden Fall soll sie zentriert gesetzt werden. Der folgende Text sollte mit mindestens einer Leerzeile Abstand zur Seitennummerierung stehen. Sie können aber auch mehrmals schalten, damit es nicht zu gequetscht aussieht.

Die DIN erlaubt es Ihnen aber auch, unter Berücksichtigung des Einsatzes Ihrer Textverarbeitung, die Folgeseiten so zu beschriften:

Seite 2 von 8

Diese Kennzeichnung „endet bevorzugt am rechten Rand" und befindet sich in der Kopfzeile, also am oberen Rand des Blattes. Das heißt: Es wäre schön, wenn die Nummerierung sich am rechten Rand befindet. Es ist aber kein Muss.

Seitenränder

Egal, ob Ihr Firmenbriefbogen dem Formblatt A oder dem Formblatt B der DIN 676 entspricht, die Seitenränder sehen laut DIN 5008 so aus:

Abstand vom linken Blattrand: 24,1 mm
Abstand vom rechten Blattrand: 20 mm

Die Seitenrand-Eingaben lassen sich standardmäßig in Ihrer Textverarbeitung einstellen. Sie dürfen die Angaben allerdings runden, was sich bei dem Wert 24,1 ja geradezu anbietet.

Lesen Sie auch unter dem Stichwort „Musterbriefbögen" auf Seite 91 nach. Dort finden Sie alle Einstellungen, Abstände und Seitenränder laut DIN 5008.

Silbentrennung

Die Silbentrennung wird laut DIN 5008 mit dem Mittestrich durchgeführt. Wenn Sie mit Ihrer Textverarbeitung die Silben trennen dann wird automatisch der richtige Strich gesetzt.

Darstellungsbeispiel

Lorem ipsum dolor sit amet, consectetuer adipiscing elit, sed diam nonummy nibh euismod tincidunt ut laoreet dolore magna veniam, quis nostrud exerci tation ullamcorper suscipit lobortis nisl ut aliquip ex ea commodo consequat. Duis autem vel eum iriure dolor in hendrerit in vulputate velit esse molestie consequat, il dolore eu feugiat nulla facilisis at vero et accumsan et iusto odio dignissim qui blandit praesent luptatum zzril delenitdolore feugaitfacilisi. Lorem diqn **Vermögensberatung** Lorem ipsum dolor sit amet, consectetuer adipiscing elit, sed diam nonummy nibh euismod tincidunt ut laoreet dolore magna aliquam erat volutpat. Ut wisi enim ad minim veniam, quis nostrud exerci tation ullamcorper suscipit lobortis nisl ut aliquip ex ea commodo consequat. Duis autem vel eum iriure dolor in hendrerit in vulputate velit esse molestie consequat, vel illum dolore eu feugiat nulla facilisis at vero et accumsan et iusto odio dignissim qui blandit praesent luptatum zzril delenit augue duis dolore te feugait nulla facilisi.

Streckenangaben

Für Streckenangaben wird das Zeichen für „bis" (—) verwendet.

Auf der Autobahn Dortmund — Kassel staute sich der Verkehr über eine Länge von 20 km.

Beachten Sie:

Der Strich zwischen „Dortmund" und „Kassel" ist länger als der normale Bindestrich und wird im Sprachgebrauch als Gedankenstrich bezeichnet. Ihre Tastatur sieht diesen Strich nicht vor. Sie können ihn nur mit Hilfe der Sonderzeichen erstellen. Oder aber: Einige Textverarbeitungsprogramme setzen den Strich automatisch als langen Strich. Das liegt an den individuellen Einstellungen, die Sie vorgenommen haben.

Stempel bei Verträgen

Stempel werden nahezu nur in Büros verwendet. Über die Positionierung von Stempeln äußert sich die DIN nicht. Die Frage, die sich aber häufig stellt ist: Wird der Stempel bei Verträgen in die Unterschrift gesetzt, damit der Vertrag gültig ist?

Die Antwort: Sie können dies handhaben wie Sie mögen. Es hat keine Auswirkungen auf die Gültigkeit eines Vertrags, ob in die Unterschrift gestempelt wurde oder daneben.

Summen

Bei der Bildung von Summen sind die folgende Varianten möglich:

Die Möglichkeit A:

■ Der Grundstrich: <u>1234567890</u>

Nutzen Sie dazu den Unterstreichmodus Ihrer Textverarbeitung, um den Grundstrich zu erzeugen.

Die Möglichkeit B:

■ Der Mittestrich: 1234567890

Meine Empfehlung ist, dass Sie den Mittestrich nur dann verwenden, wenn Sie mit einer Schreibmaschine arbeiten.

Falls Sie ihn doch verwenden möchten, dann erzeugen Sie den Mittestrich mit der Taste für den Bindestrich auf der PC-Tastatur.

Die Möglichkeit C:

Der Abschlussstrich: 32412341
= = = = =

Auf der Schreibmaschine erzeugen Sie diesen mit der Taste für das Gleichheitszeichen. Auf der PC-Tastatur ist er relativ mühsam herzustellen, weil Sie jedes Mal einen Leerschritt zwischen jedes Gleichheitszeichen „einbauen" müssen. Wenn Sie Summen auf dem PC darstellen, arbeiten Sie besser mit Grafiklinien oder mit einem durchgehenden Doppelstrich.

Uhrzeitangaben

Bei Uhrzeitangaben sollten Sie Stunden, Minuten und Sekunden mit einem Doppelpunkt voneinander trennen. Dabei werden laut DIN die Stunden- und Minuteneinheiten zweistellig angegeben. Einzige Ausnahme sind hier die vollen Uhrzeiten. Wobei Sie bei vollen Uhrzeiten wählen können, ob Sie 7 Uhr oder 07:00 Uhr schreiben.

Für die Korrespondenz empfehle ich Ihnen die folgende Schreibweise: „8 Uhr".

Beispiele:

16:30 Uhr

08:15 Uhr

12:22:30 Uhr

12 Uhr

09:00 Uhr

Unterschrift

Wenn Sie auf der Suche nach klaren Empfehlungen und Regeln rund um die Unterschrift sind, dann sind Sie in der DIN 5008 falsch. Die DIN gibt keine konkreten Regeln oder Empfehlungen zur Unterschriftengestaltung. Sie finden lediglich in den Musterbriefen einige Unterschriften, aus denen Sie jedoch keine allgemein gültigen Empfehlungen ableiten dürfen.

Ich habe deshalb hier einmal die wichtigsten Regeln und Empfehlungen auf einen Blick für Sie zusammengestellt.

Die wichtigsten Unterschriftenregeln auf einen Blick:

- Für die Unterschrift stehen Ihnen so viele Zeilen zur Verfügung wie Sie möchten. Üblich sind drei bis fünf Zeilen zwischen der Firmierung und der maschinenschriftlichen Wiederholung des Namens.

- Jeder Brief mit Außenwirkung sollte mit einer Unterschriftenvollmacht versehen sein. Ist keine Vollmacht angegeben, kann es sich nur um den Inhaber, Geschäftsführer oder Vorstand handeln.

- Die Unterschriftsvollmacht ppa. oder pp. (per prokura) muss der Bevollmächtigte mit seiner Unterschrift deutlich machen (§ 51 HGB). Deshalb: ppa. muss handschriftlich vor die Unterschrift gesetzt werden.

- Daraus kann abgeleitet werden: Auch „i. A." und „i. V." sollten handschriftlich vor die Unterschrift gesetzt werden.

- „i. V." heißt „in Vollmacht" und ist eine sehr weit reichende Vollmacht. Verwechseln Sie dies bitte nicht mit „in Vertretung". Diese Vollmacht gibt es nur bei Behörden und bedeutet so viel wie „im Auftrag".

- Unterschreiben zwei Personen einen Brief, steht der Name der in der Hierarchie am höchsten stehenden Person auf der linken Seite.

- Zu einer vollständigen Unterschrift gehört immer (außer in privaten Briefen) der computerschriftliche, ausgeschriebene Vorname, damit der Empfänger weiß, ob er Post von einer Dame oder einem

Herrn erhält. Die Unterschrift selbst muss nicht unter Angabe des Vornamens geleistet werden.

■ Ergänzungen unterhalb der Unterschrift, wie zum Beispiel „Vertrieb", stehen weder in Klammern noch in Gedankenstrichen. Es reicht die simple Angabe „Vertrieb".

Sollte die handschriftliche Unterschrift unter einem Brief mit der PC-Unterschrift identisch sein?

Dies ist nicht vorgeschrieben. Die maschinengeschriebene Unterschrift sollte den Vor- und Zunamen angeben. Die handgeschriebene Unterschrift kann nur aus dem Hausnamen bestehen. Es steht Ihnen aber auch frei, mit vollem Namen oder mit Ihrem Nachnamen und abgekürzten Vornamen zu unterschreiben.

Unterführungszeichen statt Wortwiederholung

Wahrscheinlich kennen Sie die Unterführungszeichen eher als „Wiederholungszeichen".

Die Unterführungszeichen können Sie immer dann verwenden, wenn Sie ein Wort bei wiederholter Nennung nicht jedes Mal neu ausschreiben möchten. Dies funktioniert jedoch nur dann, wenn die jeweiligen Wörter genau untereinander stehen.

Nach DIN 5008 müssen Sie das Unterführungszeichen dann jeweils unter dem ersten Buchstaben des Wortes, das wiederholt werden soll, schreiben.

Wählen Sie zwischen den folgenden Bahnverbindungen:

Berlin   – Frankfurt   ab   12:30 Uhr
"   – "   "   14:30 Uhr

Verwenden Sie die Unterführungszeichen jedoch nicht, um Zahlen zu wiederholen. Ebenfalls ist das Unterführungszeichen auch unter einem Summenstrich nicht erlaubt.

- *1 Bürocontainer,   1 m x 1,5 m   x 45 cm   450 €*
- *1 "   ,   2 " x 1,8 "   x 60 "   <u>540 "</u>*
                                                990 €

Interessant ist in diesem Fall, dass die DIN damit dem Duden widerspricht.

Laut Duden stehen die Unterführungszeichen <u>in der Mitte unterhalb des zu wiederholenden Wortes.</u>

Unterstreichungen

Wenn Sie in Ihren Briefen Textteile durch Unterstreichungen richtig hervorheben möchten, dann müssen Sie laut DIN 5008 vom ersten bis zum letzten Zeichen des Texts alles komplett unterstreichen. Dies gilt dann auch für das anschließende Satzzeichen.

Beispiele

- *Wichtig: <u>Die neue DIN 5008 gilt ab sofort!</u>*
- *Wichtig: <u>Die neue DIN 5008 gilt ab sofort!</u>*
- *Wichtig: <u>Die neue DIN 5008 gilt ab sofort!</u>*

   Als Autor dieses Ratgebers sage ich Ihnen: <u>„Schreiben Sie nach der DIN 5008!"</u>

Völlig falsch ist es, wenn Sie bei einem ganzen Satz jedes einzelne Wort unterstreichen würden.

So nicht:
   <u>Weiterbildung</u> <u>ist</u> <u>in</u> <u>Deutschland</u> <u>ein</u> <u>wichtiges</u> <u>Thema!</u>

Verhältniszeichen: auch Doppelpunkt genannt

Das Verhältniszeichen „:" können Sie verwenden, wenn Sie zum Beispiel Maßstäbe oder Mischungsverhältnisse angeben möchten. Setzen Sie dazu vor und nach dem Doppelpunkt immer einen Leerschritt.

- *Maßstab 1 : 100*

- *Verwenden Sie Zitronensaft und Öl im Verhältnis 1 : 1.*

- *Die Chance war 1 : 50. Und wir haben trotzdem gewonnen!*

Verteiler

Wenn Sie zum Abschluss Ihres Briefes einen Verteilervermerk einfügen möchten, dann müssen Sie dies laut DIN 5008 linksbündig, also 24,1 mm von der linken Blattkante entfernt machen.

Beginnen Sie mit dem Verteilervermerk mit einer Zeile Abstand zur maschinenschriftlich wiederholten Unterschrift.

Wenn Sie in Ihrem Brief auch einen Anlagevermerk haben, dann steht der Verteilervermerk mit einer Leerzeile Abstand; dazu.

Wenn Sie auf Ihrem Briefbogen nicht mehr genügend Platz für den Verteiler haben, können Sie ihn auch auf Grad 50 beziehungsweise 125,7 mm vom linken Blattrand schreiben.

Der Verteilervermerk beginnt dann entweder in Höhe des Grußes oder des Anlagevermerks.

Das Wort „Verteiler" können Sie optional durch Fettdruck hervorheben. Die Namen des Verteilers werden dann unterhalb des Wortes „Verteiler" aufgeführt.

Mit freundlichen Grüßen
*
*
*
Eike Hovermann
*
Verteiler
Farina Leonhard, Verkauf
Dominik Mertin, Vertrieb

Mit freundlichen Grüßen

•

•

•

Eike Hovermann

•

Anlage

•

Verteiler
Frau Farina Leonhard, Verkauf
Herrn Dominik Mertin, Vertrieb

Mit freundlichen Grüßen   **Anlagen**
•   *1 Produktübersicht 2006*
•   *1 Produktinformation „ZW 24-10"*
•
In Sook Kim   **Verteiler**
                                     Frau Farina Leonhard, Verkauf
                                     Herrn Dominik Mertin, Vertrieb

Mit freundlichen Grüßen   **Verteiler**
•   *Frau Farina Leonhard, Verkauf*
•   *Herrn Dominik Mertin, Vertrieb*
•
In Sook Kim

Reihenfolge der Namen im Verteiler

Bei dieser nicht ganz ungefährlichen Frage empfehle ich Ihnen, sich für eine rein alphabetische Reihenfolge zu entscheiden, die sich an den Nachnamen orientiert.

Auch wenn Sie einen Vorstandsvorsitzenden, eine Dame und viele wichtige Politiker in Ihrem Verteiler haben, liegen Sie mit dieser Entscheidung immer richtig.

Natürlich können Sie auch eine hierarchische Verteilerliste erstellen. Mein Tipp ist jedoch: Lassen Sie es. In der Regel bringt es nichts als Ärger mit vermeintlich wichtigen Personen, die sich auf die Füße getreten fühlen.

Währungen, Währungseinheiten, Münzbezeichnungen

Wenn Sie Währungseinheiten und Münzbezeichnungen verwenden, dann können Sie wählen, ob die Währungsbezeichnung vor oder hinter dem jeweiligen Betrag stehen soll. In einem fortlaufenden Text ist es sehr viel lesefreundlicher, wenn Sie die Währung hinter den Betrag setzen.

Achten Sie zusätzlich darauf, dass Sie innerhalb Ihrer Schriftstücke eine einheitlichen Regelung haben und nicht wechseln.

Beim Euro stehen Ihnen beide Möglichkeiten zur Verfügung: € oder EUR. Auch hier ist es egal, ob Sie die Währungsbezeichnung vor oder hinter den Betrag schreiben.

Es gilt allerdings auch hier die Empfehlung, sie im laufenden Text hinter den Betrag zu setzen.

Die Abkürzung für Euro (= EUR) wird in Versalien geschrieben.

- *€ 110,60*   *EUR 110,60*   *0,42 €*
- *110,60 €*   *110,60 EUR*   *€ 0,42*

Das Gleiche gilt auch für andere Währungen:

- *$ 11*

Hier zeigt sich sehr gut, dass der Lesefluss durch das vorangestellte Währungszeichen unterbrochen wird.

Besser also:

- *11 $*

Die DIN erlaubt Ihnen auch die internationale Schreibweise für Währungseinheiten zu verwenden.

Richtig sind also auch die folgenden Abkürzungen:

- CHF für Schweizer Franken

- USD für US-Dollar

- UPY für japanische Yen

- KRW für den Südkoreanischen WON

Wortergänzung

Wenn Sie mit Wortergänzungen in Ihrer Korrespondenz arbeiten, dann werden diese mit dem Mittestrich (Bindestrich) dargestellt.

Anwendungsbeispiele:
- Neu- und Gebrauchtwagen
- Hard- und Software
- Aquarell- und Ölbilder
- Natur- und Kunstoffböden
- Schul- und Kindergartenkinder

Zahlen

Zahlen sollten dreistellig mit Leerzeichen gegliedert werden. Bei Zahlen mit Komma erfolgt die Gliederung in Dreiergruppen rechts und links des Kommas.

- *5 000 Stück*
- *77 000 Stück*
- *77 000 000 Einwohner*
- *0,577 34*

Die Gliederung mit Punkt ist nur bei Geldbeträgen empfohlen.

Bankleitzahlen

Der Bankleitzahl wird ein „BLZ" ohne Doppelpunkt vorangestellt.

Die Bankleitzahl wird so untergliedert:
Dreierblock, ein Leerzeichen, Dreierblock, ein Leerzeichen, Zweierblock.

BLZ 500 200 00

Für internationale Angaben gilt folgende Schreibweise:
Fünfmal Vierergruppe, einmal Zweiergruppe.

IBAN DE77 5434 4778 4858 5234 00

BIC CIPRDEDD

Geldbeträge

Geldbeträge sollen sicherheitshalber vor dem Komma dreistellig mit Punkt gegliedert werden:

- *45.498 €*
- *7.999 EUR*
- *EUR 777.000,34*
- *€ 99.999,95*

Kontonummern

Zur Schreibweise von Kontonummern macht die DIN keine Angaben.

Empfehlung: Schreiben Sie Kontonummern lesefreundlich. Gliedern Sie sie von links in Dreier- und Zweierblöcke auf.

- *616 24 24*
- *616 55*

Postleitzahlen

Postleitzahlen werden nicht gegliedert.

59555 Lippstadt

Postfachnummern

Postfachnummern werden zweistellig von rechts gegliedert.

1 22 33
11 22 33

Telefonnummern

Häufig finden sich Klammern oder Schrägstriche in Telefonnummern. Das ist alles nicht korrekt und veraltet.
Telefonnummern werden laut DIN nicht mehr wie zuvor zweistellig von rechts, sondern gar nicht mehr gegliedert.

215678
432167

Telefonnummern mit Vorwahl

Die Telefonnummern mit Vorwahl werden nicht mehr gegliedert. Auch die Klammern um die Vorwahlnummer fallen weg. Sie wird nur noch durch einen Leerschritt von der restlichen Telefonnummer abgesetzt.

02433 324566
0211 654321

Telefonnummer mit Vorwahl- und Durchwahlnummer

Verzichten Sie auch bei der Durchwahlnummer auf die zweistellige Gliederung. Die Durchwahlnummer wird lediglich mit einem Bindestrich abgetrennt. Es steht kein Leerschritt vor oder nach dem Mittestrich.

02941 854-4534
030 23546-438

Sondernummern

Geben Sie Sondernummern, bei denen bestimmte Ziffern Aufschluss über die Kosten geben, mit jeweils einem Leerschritt vor und hinter der Ziffer von der restlichen Telefonnummer an.

0190 5 72727
0180 3 96969

Meine besondere Empfehlung:
Denken Sie bitte immer daran, dem Kunden die durch die Telefonnummer entstehenden Kosten mitzuteilen.

Darstellungsbeispiel:

*0,12 €/Minute

Telefonnummern im Schriftverkehr mit dem Ausland

Verwenden Sie in Ihrer Korrespondenz mit ausländischen Geschäfts-
partnern und Freunden Ihre Telefon- und Faxnummern so, dass der
Geschäftspartner oder Ihr Freund Sie mühelos erreichen kann.

Die Schreibweise für diesen „kundenfreundlichen Service" ist ganz
einfach. Orientieren Sie sich an den Empfehlungen zur Schreibweise
von Telefonnummern. Verzichten Sie auf die „0" bei der Vorwahl und
stellen Sie für Deutschland ein Pluszeichen und eine 49 voran.

So ist es für den Anrufer sehr viel leichter und er muss nicht lange
überlegen, welche Nummer er genau wählen muss.

+49 40 123456

Telefaxnummern

Die Schreibweise von Fax- und Telefonnummern ist identisch. Lediglich die Bezeichnung Fax wird vorangesetzt.

Fax 02941 58395

Telexnummern

Telexnummern werden nicht gegliedert.

862365 ABC d
34246-0 esso d
34246-21 man d

Zahlenaufstellungen

Richten Sie Zahlenaufstellungen nach dem letzten Schriftzeichen jeder Zahlengruppe aus. Achten Sie jedoch darauf, dass Dezimalzei-
chen in jedem Fall untereinander stehen.

Darstellungsbeispiele:

2.555,00	11/69
55,00	12/879
3 5/8 0	7-11-09
7 3/11	06-10-14
11	12/30

Meine Empfehlung:

Wenn Sie die Möglichkeit haben und der Aufbau des Briefes es hergibt, dann sollten Sie Zahlen und Aufzählungen innerhalb von Tabellen schreiben. Das ist lesefreundlicher.

Darstellungsbeispiel:

100.999,90
444,99

Zeichen für „bis"

Das Zeichen „ — " für „bis" ist länger als der normale Bindestrich auf der Tastatur, den Sie als Gedankenstrich kennen. Verwenden Sie ihn nicht innerhalb eines Satzrs.

Darstellungsbeispiele:

> *Die Klausur dauerte von 9 – 11 Uhr.*
> *Die Sprechstunde dauerte von 18 bis 19 Uhr.*
> *9 — 11 Uhr   Klausur BWL II*
> *11:15 — 11:30 Uhr   Gemeinsames Mittagessen*

Mit Ihrer Textverarbeitung können Sie einen etwas längeren Strich in der Regel über die Sonderzeichen in Ihren Text einfügen:

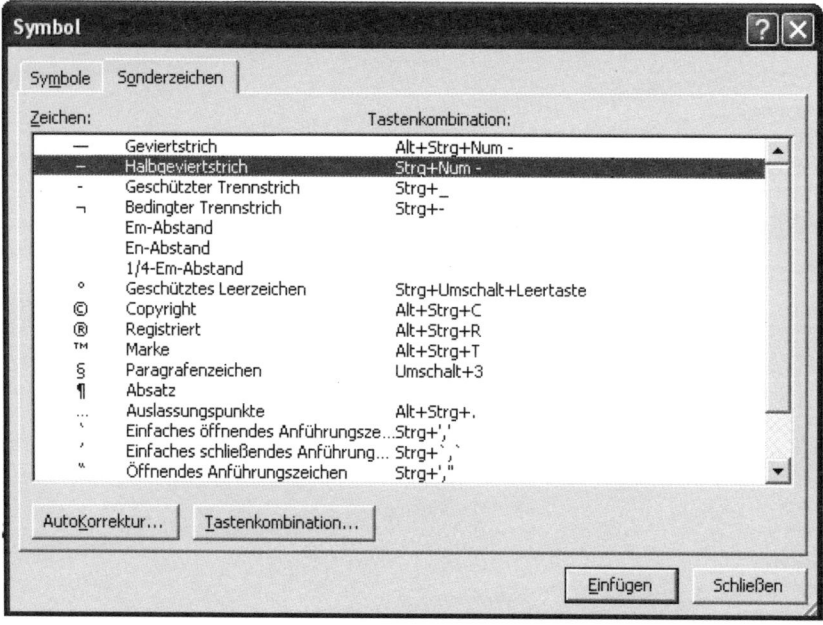

So einfach können Sie mir Winword einen längeren Strich einfügen.

Zeichen für „geboren" und für „gestorben"

Aus Todesanzeigen und Beileidskarten kennen Sie sicherlich die folgenden Zeichen:

■ das Zeichen für „geboren": *

■ und das Zeichen für „gestorben" †

Verwenden Sie zwischen dem angegebenen Datum und dem jeweiligen Zeichen immer einen Leerschritt.

> *Erika Garn*
> ** 1948-07-19*
> *† 2005-05-15*

Ich kann Ihnen diese Datumsschreibweise jedoch nicht empfehlen. Schreiben Sie in einem solchen Fall lieber die Daten wie folgt, was laut DIN auch erlaubt ist:

> *Erika Garn*
> ** 19. Juli 1948*
> *† 15. Mai 2005*

In einem ganzen Satz innerhalb eines Briefes würde ich jedoch eher auf diese Zeichen verzichten. Schreiben Sie stattdessen lieber die Worte „geboren" und „gestorben" und verzichten Sie auch darauf, diese Worte abzukürzen.

Zeichen für „gegen" ./.

Dieses Zeichen kennen Sie wahrscheinlich am ehesten aus der juristischen Korrespondenz. Das Zeichen „./." steht für das Wort „gegen". Verwenden Sie es mit einem Leerschritt vor und hinter dem Zeichen.

Darstellungsbeispiel:

Ostkamp ./. Henkenjohann

Das andere Zeichen in der deutschen Korrespondenz „–" für „gegen" wird zum Beispiel bei der Nennung von Fußballspielen verwendet. Setzen Sie auch hier vor und hinter dem Zeichen je einen Leerschritt.

Auf Ihrem Computer nehmen Sie für diesen Strich den Gedankenstrich.

Hier das passende Darstellungsbeispiel:

Schalke 04 – Heinsberger SV

Zeichen für „kleiner" und „größer"

Auch eines dieser Zeichen, die Sie wohl eher seltener in Ihrer Korrespondenz nutzen.

Verwenden Sie diese Zeichen immer mit einem Leerschritt Abstand zu der zugehörigen Zahlenangabe.

Darstellungsbeispiel:

222 > 111   (größer)

150 < 250   (kleiner)

99 < 100 > 101

Zeichen für „Nummer(n)“:

Wahrscheinlich kennen Sie das Zeichen „#“ von Ihrem Telefon. Dieses im Amerikanischen sehr gebräuchliche Zeichen für „Nummer“ wird bei uns nur in Verbindung mit Zahlen oder Ziffern benutzt.

Verwenden Sie es immer mit einem Leerschritt zwischen Zeichen und der jeweiligen Zahl.

Darstellungsbeispiel:

Die Artikelnummern # 25 und 26 sind nicht korrekt ausgezeichnet.

Der Artikel # 69 ist nicht mehr lieferbar.

Zeichen für „Paragraph": §

Verwenden Sie das Paragraphenzeichen nur in Verbindung mit den darauf folgenden üblichen Angaben:

- *Die neuen §§ sind unzumutbar.*

- *Die neuen Paragraphen sind nicht zumutbar.*

- *Laut § 833 StGB werden Sie ...*

- *Die §§ 30 bis 33 sind ...*

- *§ 12 Abs. 1 Satz 3*

Verwenden Sie das Paragraphenzeichen nie alleine.

Falsch ist also der folgende Satz:

Der § ist völlig unsinnig. Man sollte ihn abschaffen.

Korrekt ist:

Der Paragraph ist völlig unsinnig. Man sollte ihn abschaffen.

Zeichen für „und": „&"

Verwenden Sie das kaufmännische Zeichen „&" nicht in der normalen Korrespondenz. Dieses Zeichen ist nur in Verbindung mit Firmennamen erlaubt.

Hier zwei Beispiele:

> *Müller GmbH & Co. KG*
>
> *Müller & Schneider*

Zeilenabstand

Die Empfehlung für die moderne Korrespondenz ist der einzeilige Zeilenabstand, den Sie nach Möglichkeit auch immer einhalten sollten.

Manchmal gerät man in die Versuchung bei besonders kurzen Briefen den Zeilenabstand zu vergrößern, damit es nach „mehr aussieht".

Verwerfen Sie Ihre Bedenken und lassen Sie sich nicht zu einem größeren Zeilenabstand hinreißen. Oft werden kürzere Briefe viel lieber gelesen als lange.

Andere Zeilenabstände sind nur für Gutachten, Ausarbeitungen, Berichte, Diplomarbeiten, Hausarbeiten und Ähnliches zulässig. Die Regelungen für diese Werke stammen dann in der Regel von Universitätsprofessoren oder Lehrern. In diesen Fällen gilt dann die DIN 5008 nicht.

Zeilenanfang und Zeilenende

Nach den Vorstellungen der DIN 5008 beginnt der Zeilenanfang des Brieftextes 24,1 mm vom linken Seitenrand des Briefbogens und sollte 20 mm vom rechten Seitenrand entfernt enden.

AKADEMIE FÜR DIE®
DEUTSCHE WIRTSCHAFT

Akademie für die Deutsche Wirtschaft GmbH
Wiedenbrücker Straße 12 • 59555 Lippstadt

Wiedenbrücker Straße 12
59555 Lippstadt
Tel.:   (0 29 41) 96 61-0
Fax: (0 29 41) 96 61-09
Internet:
www.akademie-inside.de
E-Mail:
info@akademie-inside.de

Geschäftsführer:
Eike Hovermann jun.

Bankverbindung:
Volksbank Bad Waldliesborn
Kto.: 207 080 300
BLZ: 412 612 28

Handelsregister Lippstadt HRB 2267

Ein Briefbogen, der nicht unbedingt DIN-gemäß ist. Passen Sie Ihre Texte dem Layout ohne schlechtes Gewissen an.

Natürlich müssen Sie sich nicht an diese Vorgaben halten. Wenn Ihr Firmenbriefpapier ein besonderes Layout hat, wie das auf der vorherigen Seite, dann sollten Sie auf keinen Fall nur der DIN wegen in den rechten Rand hineindrucken.

Es ist jedoch auch erlaubt, bis auf 8,1 mm an den rechten Rand heran zu schreiben.

Beachten Sie jedoch, dass nicht alle Drucker bis auf 8,1 mm an den Rand heran drucken können.

Zentrieren

Wenn Sie korrekt zentrieren möchten, dann setzen Sie die Textteile, die Sie zentrieren möchten, durch je eine Leerzeile vom vorhergehenden und vom nachfolgenden Text ab.

So zentrieren Sie korrekt:

Lorem ipsum dolor sit amet, consectetuer adipiscing elit, sed diam nonummy nibh euismod tincidunt ut laoreet dolore magna aliquam erat volutpat. Ut wisi enim ad minim veniam, quis nostrud exerci tation ullamcorper suscipit lobortis nisl ut aliquip ex ea commodo consequat. Duis autem vel eum iriure dolor in hendrerit in vulputate velit esse molestie consequat, vel illum dolore eu feugiat nulla facilisis at vero et accumsan et iusto odio dignissim qui blandit praesent luptatum zzril delenit augue duis dolore te feugait nulla facilisi.

Lorem ipsum dolor!

Ut wisi enim ad minim veniam, quis nostrud exerci tation ullamcorper suscipit lobortis nisl ut aliquip ex ea commodo consequat. Duis autem vel eum iriure dolor in hendrerit in vulputate velit esse molestie consequat, vel illum dolore eu feugiat nulla facilisis at vero et accumsan et iusto odio dignissim qui blandit praesent luptatum zzril delenit augue duis dolore te feugait nulla facilisi. Nam liber tempor cum soluta nobis eleifend option congue nihil imperdiet doming id quod mazim placerat facer possim assum.

Zu Händen

Die DIN 5008 sagt nichts über die Verwendung von „zu Händen",
„z. H." oder das „z. Hd.".

Meine Empfehlung ist, dass Sie auf „zu Händen" in welcher Form
auch immer, komplett verzichten. In Ihrer zeitgemäßen Korrespondenz haben diese Wörter nichts mehr zu suchen.

Veraltet:

> *Praxis Dr. med. Tom Wiesenfinger*
> *z. H. Frau Farina Leonhard*
> *Am Lippebug 16*
> *59555 Lippstadt*

Besser und auf jeden Fall moderner:

> *Praxis Dr. med. Tom Wiesenfinger*
> *Frau Farina Leonhard*
> *Am Lippebug 16*
> *59555 Lippstadt*

Claudia und Eike Hovermann

300 Musterbriefe
CD-ROM für PC

Für die erfolgreiche geschäftliche
und private Korrespondenz

ISBN 3-89994-904-8, 9,90 EUR

Claudia und Eike Hovermann

Das große Buch der Musterbriefe

Für die erfolgreiche geschäftliche
und private Korrespondenz

ISBN 3-89994-904-8, 12,90 EUR

Weitere aktuelle Bücher im Humboldt Verlag (Auswahl):

Lebenshilfe und Psychologie

3-89994-884-X Verflixt. das darf ich nicht vergessen
(Stiftung Warentest: Bestes Buch!)
3-89994-889-0 Verflixt, das darf ich nicht vergessen! Band 2, Buch + CD
3-89994-858-0 Gutes Gedächtnis – Das Erfolgsgeheimnis
3-89994-946-3 Handschriften deuten
3-89994-856-4 Rhetorik – Der Weg zum Erfolg
3-89994-928-5 Mind Mapping

Information und Wissen

3-89994-910-2 Der große Humboldt Ratgeber Internet-Recht
3-89994-051-2 Lebensweisheiten berühmter Popmusiker
3-89994-031-8 Die schönsten Film-Weisheiten
3-89994-018-0 Teste deine Allgemeinbildung: Ach so?! Faszinierende Fakten
3-89994-055-5 Zeiglers wunderbare Welt des Fußballs
3-89994-009-1 Lexikon der Lebensmittel-Etiketten
3-89994-016-4 Taschenlexikon der Modebegriffe
3-89994-069-5 Lebensweisheiten berühmter Philosophen
3-89994-826-2 Teste Deine Intelligenz
3-89994-882-3 Das große Testbuch der Allgemeinbildung
3-89994-007-5 Linkshändig? Rat & Information, Tipps & Adressen
3-89994-900-5 Der große Hochzeitsratgeber

Beruf

3-89994-006-7 Der Erfolgsturm – Schritt für Schritt erfolgreich
3-89994-912-9 Stellensuche und Bewerbung im Internet
3-89994-034-2 Bewerbungsbuch für Frauen
3-89994-005-9 präsentieren und überzeugen
3-89994-820-3 Taschenlexikon der Wirtschaft

Freizeit und Hobby

3-89994-010-5 Digitalfotografie – Das große Einsteigerbuch
3-89994-012-1 Digitalfotografie für Fortgeschrittene (mit DVD)
3-89994-017-2 Der große Humboldt Fotolehrgang (www.fotolehrgang.de)
3-89994-014-8 Digitalfotografie von A–Z
3-89994-054-7 Kickern & Tischfußball
3-89994-022-9 Skat – für Aufsteiger (mit vielen Musterspielen)
3-89994-030-x Das große Humboldt Domino-Buch
3-89994-035-0 Das große Humboldt Bridge-Buch
3-89994-829-7 Skat – Regeln und Tipps
3-89994-042-3 Das Humboldt Kegelbuch

Der Humboldt Verlag im Internet: www.humboldt.de